人生的重点不是过去，
而是向前看，
重新出发，获得真正游刃有余的从容。

我们终其一生，只为优雅地告别过去的自己

[英] 尼尔·弗朗西斯 著

刘文慧 译

内 容 提 要

本书围绕个人价值、主动、冒险、目标、激情等主题，激发每个人充满动力和活力地做自己想做的事情，不断拓宽自己的视野，去尝试新鲜的事物，从而得到内在的改变，遇见全新的自己。

北京市版权局著作权合同登记号：01-2021-4641

图书在版编目（CIP）数据

我们终其一生，只为优雅地告别过去的自己 / （英）尼尔·弗朗西斯著 ; 刘文慧译. -- 北京 : 中国水利水电出版社, 2021.10
书名原文：Inspired Thinking
ISBN 978-7-5170-9987-1

Ⅰ.①我… Ⅱ.①尼… ②刘… Ⅲ.①成功心理－通俗读物 Ⅳ.①B848.4-49

中国版本图书馆CIP数据核字(2021)第198021号

© Neil Francis 2020
Copyright licensed by LID Publishing
arranged with Andrew Nurnberg Associates International Limited

书　　　名	我们终其一生，只为优雅地告别过去的自己 WOMEN ZHONGQIYISHENG, ZHI WEI YOUYA DE GAOBIE GUOQU DE ZIJI
作　　　者	[英]尼尔·弗朗西斯 著　刘文慧 译
出版发行	中国水利水电出版社 （北京市海淀区玉渊潭南路1号D座　100038） 网址：www.waterpub.com.cn E-mail：sales@waterpub.com.cn 电话：（010）68367658（营销中心）
经　　　售	北京科水图书销售中心（零售） 电话：（010）88383994、63202643、68545874 全国各地新华书店和相关出版物销售网点
排　　　版	北京水利万物传媒有限公司
印　　　刷	天津旭非印刷有限公司
规　　　格	130mm×185mm　32开本　8.25印张　90千字
版　　　次	2021年10月第1版　2021年10月第1次印刷
定　　　价	49.80元

凡购买我社图书，如有缺页、倒页、脱页的，本社发行部负责调换
版权所有·侵权必究

引言
INTRODUCTION

为了让你对我的书有一个好的第一感观，我先讲一个故事。

一位哲学教授站在他的学生面前，一言不发地拿起一个空的大玻璃罐子，并往里面装高尔夫球。然后他问学生这个罐子是否满了，他们一致认为"是的"。

教授又拿起一盒鹅卵石，把它们也倒进了罐子里。他轻轻摇了摇罐子，鹅卵石落入了高尔夫球之间的空隙里。他再次问学生罐子是否满了，学生们回答"已经满了"。

接下来，教授拿起一个装有沙子的盒子，把沙子倒进了罐子里。当然，沙子会填满剩下的空隙。他又一次问学生罐子是否满了,学生们一致回答"满了"。

然后,教授从桌子底下拿出两瓶啤酒,把啤酒全都倒进了罐子里,有效地填满了沙粒之间微小的空间。学生们大笑起来。

"现在,"等笑声渐渐平息后,教授说,"我想让你们认识到,这个罐子代表了你们的生活。高尔夫球代表一些重要的东西——你的家庭、健康、朋友和你最喜欢的激情。如果其他一切都失去了,只有它们留了下来,你的生活仍然是充实的。

"鹅卵石代表其他重要的东西,比如你的工作和房子。沙子就是其他的一切———一些小事情。"

"如果你先把沙子装进罐子里,"他继续说,"就没有地方放高尔夫球和鹅卵石了,生活也是如此。如果你把所有的时间和精力都花在小事情上,你就永远不会有时间去做那些对你来说很重要的事情了。请关注那些对你的幸福至关重要的事情。

"花点时间和你的孩子在一起,花点时间和你的父母在一起,去拜访你的祖父母,带你的伴侣出去吃饭,再打18洞高尔夫球……总会有时间打扫房子和修剪草坪。

"首先要照顾好'高尔夫球',这才是真正重要的。设置好你的优先级,其余的事情都只是'沙子'。"

一个学生举手询问啤酒代表什么。教授微笑着说:"我很高兴你会问这个问题。啤酒告诉你,不管你的生活看起来有多么充实,你总会有时间和朋友喝几杯啤酒。"

尼尔·弗朗西斯

序言 PROLOGUE
背包

人性中最深刻的原则是渴望被欣赏

在前面那个有趣的故事之后,再用一个悲伤的故事来开启一本关于我们终其一生,只为优雅地告别过去的自己的书似乎很奇怪,但请先耐心读一两页,你会感觉一切都是有意义的。这是一个非常勇敢、积极向上和鼓舞人心的年轻女士的故事,她叫贝卡·亨德森(Becca Henderson)。我在我的一本书《正向思维》(*Positive Thinking*)里介绍过她。我认识贝卡是因为她的爸爸迈克尔是我在学校时的一位密友,多年来我们一直保持着联系。2017年,23岁的贝卡被诊断出患有一种罕见的心脏肿瘤。医生尝试用化疗和放疗对她进行治疗，但都没有效果。救治贝卡的唯一办法是让医生摘除她的心脏。医生们确实这么做了，但是贝卡没有从移植捐赠者那里得到生物心脏。她得到了一个全人工心脏（TAH）。这是一个维持生命的心脏系统，带有一个外部机械驱动器和插入她腹部的导管，她把这些放在背包里，背在背上。虽然生活中发生了如此大的变故，但贝卡始终是乐观的、积极的和充满希望的。手术前，她会定期更新自己的脸书（Facebook）页面，分享自己患心脏肿瘤的想法和经历。当她病入膏肓，进入重症监护室时，她的父母也不断地向她说明病情，让家人和朋友及时了解病情进展。后来，她接受了手术，心脏被摘除了，换上了全人工心脏。

在接下来的几个月里，她恢复得非常好，并再次开始在脸书上发布自己的最新进展。

经历了这一切后，她下定决心不再让病情支配自己的生活。

每当我在脸书上看到贝卡坐在餐馆里，或者和她的朋友们出去散心，或者和她的狗在花园里玩时，我都会震惊于她虽然没有生理上的心脏，却尽可能地过着正常的生活！

2018年，她恢复了在牛津大学的硕士课程，上课时把全人工心脏装在背包里。她甚至申请了在牛津大学攻读博士学位，她的提议也被接受了。

我一次又一次惊叹于贝卡在面对她必须面对的一切时的勇敢、坚韧和积极的心态。

然后，在2019年年初，医生告诉她找到了一个适合她的心脏，并且可以移植给她。这次手术一开始很成功，但很快病情就恶化了。

6天后，也就是2月27日，贝卡去世了。

尽管这噩耗令人难以置信且悲伤，但在她去世后的几个月里，我越来越受到她的生活经历的启发。从她的脸书页面上的评论可以明显地看出，她的家人、朋友和大量素未谋面的人也受到了她的生活经历的启发。她的故事登上了英国广播公司（BBC）网站的头版，许多地方性报纸和全国性报纸都刊登了关于她的文章。

牛津大学在她去世后授予她硕士学位，这是牛津大学根据她顺利完成英语学位的进展做出的决定。她的导师指出："贝卡是一个具有非凡勇气、幽默感和学术成就的人。"

每个认识她或听说过她的经历的人，都受到了她的故事的启发。

最重要的是，贝卡的适应能力特别强。无论生活带给她什么，她都会以积极的心态重新振作起来。反过来，她的这种适应力也激发我思考如何在自己的生活中更具适应力。这激发了我写书的想法，作为一种分享内驱力来源的方式，其他人也可以有所启发。

当某个人或某件事给你启发时，它会促使你做一些新的或不同的事情。它会给你新的想法、强烈的热情和兴奋的感觉，让你感到精力充沛。这是本书的重点。我相信你会从本书的想法中得到启发，可以利用这些想法将其转化为有意义的成功。**本书将帮助你发现新的策略和想法，以实现你设定的目标和目的，让你突破自己的界限，以更加积极的方式应对挑战、挫折和障碍。**

然而，更重要的是，你需要明白对这些想法和策略的应用总是比想法本身更有力量。要想从这本书中得到最大的收获，关键是要运用一个能激励你的想法或策略，并积极运用它。最好的内驱力来自对思想的应用，而不是对思想的消费。

"内驱力不是接收信息，"企业家、音乐家和TED演讲人德里克·西沃斯（Derek Sivers）写道，"内驱力是应用你所得到的东西。"

本书的每一章都从某个人的故事开始，每个故事都突出了一个特定主题的重要性。每个主题都包含各种各样的内驱力来源，包括实际事例、提示、工具和战略等，后者有助于你运用这些主题来实现有意义的成功。

在此过程中，我们将围绕个人价值、个性、风险、盲目的自我、自我信念、琐事、目的、保持年轻、积极主动、决心、英雄、目标、合作、运气和遗产等方面展开探讨。这些想法会引导你的思维方式，激励你取得成功。

首先，我简单说一下"成功"。当我谈论"成功"时，我指的不是物质上的成功，尽管物质上的成功也可能是真正"成功"的副产品。相反，我所说的"成功"是指完成那些能给你目标、意义和成就感的事情。

"成功"可能主要集中于你所做的事情上——你的职业，也可能是志愿服务、家庭、友谊或其他方面的成功。

就我而言，我是一个企业家和作家，不是心理学家或社会科学家。我没有博士学位，也没有雇用研究人员。我试图做的是解释和提炼我认为有趣的、相关的和有用的信息，其他人也可以从中受益。这些信息来自我所阅读的内容、播客、研讨会以及与相关专家的对话。

我努力确保本书所引用的例子、案例研究、方法和工具都是基于科学证据的。话虽如此，我还是要感谢所有的研究人员、科学家、心理学家、企业家和探险家，他们是我创作素材的源泉。

内驱力的重要性

在你开始阅读本书之前，为了清晰起见，我有必要解释一下"内驱力"和"动力"之间的区别。虽然它们的含义截然不同，但它们经常可以互换使用。

内驱力是你内心感受到的东西，而动力是迫使你采取行动的来自外部的东西。内驱力是一种"驱动力"，而动力是一种"拉力"。

内驱力比动力更持久。动力会让你度过工作日，或者帮助你实现一个特定的目标，但它不会持续一生；而内驱力是持久的。

内驱力会持续很长一段时间，影响你生活的方方面面。

内驱力来自激情，而动力则不然。

通常，当你有动力去做某件事的时候，你只是想实现这个目标并继续前进。内驱力比动力更深刻。它源于激情，源于你被某件事或某个人以某种方式影响，从而想要改变一些事情或做一些事情。在某一刻，动力似乎很强大，但与内驱力的光辉相比，它就黯然失色了。

内驱力和激情是紧密相连的。你可以在没有激情的情况下获得动力，但你很少能在生活中看到没有激情的内驱力。

内驱力到底是什么呢？当我们思考或谈论它的时候，我们说"我感觉受到了启发"或"那真的启发了我"是什么意思？

当你感觉受到启发时，你会有一种能量的涌动，伴随着一股激动人心的狂喜和兴奋。你的感官被放大了，你能更清楚地意识到那些似乎正在为你打开的可能性。你进入了一种"心流"状态，忘记了时间的存在。你不会感到不自在，而是确信你所做的事情本质上是有益的、有目的的和令人愉快的。

在那个特殊的时刻,你会觉得自己获得了一些新的认知、一种看待事物的新方式。

这带来了能量的迸发。真正的内驱力给予我们采取行动的动力和活力。一项鼓舞人心的成就——比如,将探测器送上火星——往往能够增强一个人对他人身上的可能性的感知。例如,它可以促使一个十几岁的男孩在大学里学习天文学,或者让一个梦想成为宇航员的少女兴奋不已。受到启发的人最终会完成自己的壮举,并启发其他人,其他人又会启发更多人。

从一个人、一个团队、一件艺术品、一个科学的解决方案或大自然的奇迹中寻找内驱力,会带来一股能量,这股能量本身就能推动你开始做一些你认为不可能的事情。之所以如此重要,是因为它能让人保持积极的心态、专注于大局。

哥伦比亚大学(Columbia University)的心理学家斯科特·考夫曼(Scott Kaufman)博士发表于《哈佛商业评论》(*The Harvard Business Review*)上的文章《内

驱力为何重要》探讨了这一现象。

"在一种沉迷于衡量人才和能力的文化中,我们常常忽视内驱力的重要作用。"他在文章中写道,"内驱力通过让我们超越平凡的经历和局限性,激发我们去发现新的可能性。内驱力会让一个漠然的人走向更多可能性,改变我们对自身能力的感知方式。"

来自纽约州北部罗切斯特大学（University of Rocheste）的心理学家托德·特拉什（Todd Trash）和安德鲁·埃利奥特（Andrew Elliot）研究内驱力已有几十年了。他们发现,当我们找到内驱力时,我们看到了新的可能性;我们乐于接受外界的影响;我们感觉充满了活力和动力。

幸运的是,内驱力不是一种一成不变的心态,而是一个可以培养的过程。虽然我们不能强迫自己找到内驱力,但可以创造一个有利于找到内驱力的环境。

这就是我想在这本书中创造的"环境",它源于我在贝卡的生活中发现的内驱力。希望这些故事、想法、见解和建议能激励你取得有意义的成功。

这是贝卡留下的很好的遗产。事实上，我认为这是一种辉煌和鼓舞人心的遗产。

目 录
CONTENTS

第一部分
做回你自己,何时都不晚

每个人都是独一无二的,因此,你应该更加珍惜和欣赏自己。你出生并好好地活着,就很棒。

▸ 第一章　更加重视自己——个人价值

真正欣赏你自己　/　009

▸ 第二章　花时间做自己擅长的事——个性

通过做自己,你会体验积极的情绪　/　024

当你发现不忠于自己时,要重新发现自己的个性　/　026

接受你的处境,接受真实的自己　/　029

第三章　成为少数派——风险

冒险者，更容易脱颖而出 / 040

采取冒险的行动，标志着新习惯的开始 / 044

第二部分
重新出发，现在就是最好的时光

要开始接受和拥抱你迄今为止在生活中所取得的成就。心存感激，并在成功的基础上再接再厉。

第四章　打破看不见的界限——盲目的自我

培养自我意识 / 056

一些盲点会阻碍你成为更好的自己 / 059

审视过去，从而确定你的行为模式 / 063

第五章　制订策略对抗自我怀疑——自信

陷入自我怀疑的内循环 / 073

取得成绩，要归功于你的努力、才能和投入 / 075

- **第六章 从更实际的角度来思考幸福——琐事**

  克服聚焦错觉能避免你做出错误的决定 / 091

  少关注物质，多注重体验 / 095

第三部分
向新的可能性和机会敞开心扉，未来可期

为了帮助自己养成积极的习惯，你需要持之以恒。每天朝着你的目标努力，行为越有规律，你的大脑就越容易把它转变成习惯。

- **第七章 对新事物和新想法充满激情——目的性引导**

  培养你的激情 / 106

  从目的开始，激情将随之而来 / 110

- **第八章 将心态专注于如何实现自己的目标
  　　　——保持年轻**

  你觉得自己有多年轻，就有多年轻 / 121

  你越年轻，越有活力，就会越有动力 / 124

第九章　当你积极主动，好的事情将会发生
——变得更积极

无论何时，你都要抓住鼓舞人心的想法 / 134

旅行可以激发创造力 / 136

在一个特定的空间可以变得全神贯注 / 139

有勇气追随自己的内心和直觉 / 143

第十章　下定决心，会激励你获得更大的机会
——成为一个有决心的人

用决心去接受新的可能性和机会 / 150

第十一章　英雄帮助你走向更有价值的生活
——找到自己的英雄

英雄会强化最珍视的价值观和与他人的联系 / 163

你的英雄将激励你释放自己的潜能 / 168

第十二章　团队的共同努力激发思考和合作
——寻求合作

理解和接受朋友提供给你的支持 / 179

陌生人为你提供了实现目标的帮助 / 185

- **第十三章　坚持不懈，帮助你实现目标**
  ——制订正确的目标

  有目标，从黑暗的岁月中走出来 / **194**

  把对目标的追求变成一种习惯 / **197**

  找到个人愿景和人生的总体目标 / **201**

- **第十四章　偶遇，会对你的生活产生重大的影响**
  ——拥抱运气

  你的成功基于你无法控制的事 / **212**

  你是幸运的，因此你应该心存感激 / **214**

- **第十五章　做一些比生命更长久的事**
  ——正确的遗产

  对自己的离开提前规划 / **225**

  向新的可能性和机会敞开心扉 / **229**

- **推荐语**

- **致谢**

- ▶ 更加重视自己

- ▶ 花时间做自己擅长的事

- ▶ 成为少数派

做回你自己,永远都不嫌晚。

——乔治·艾略特

第一部分

Part One

※▸

做回你自己,何时都不晚

It is Never Too Late to be Who You Might Have Been

第一章 Chapter·01

更加重视自己

——个人价值

你因你所是

而被重视。

2015年5月，位于英国大曼彻斯特（Greater Manchester）的巴克顿谷小学（Buckton Vale Primary School）的三位老师——黛博拉·布朗（Deborah Brown）、凯利·奎恩（Kelly Quinn）和珍妮·布里尔利（Jenny Brierley）——给六年级的所有学生发了一封信。

这封信在孩子们参加标准评估考试（SATs）前一周发出。在英国，标准评估考试是被用来评估教育进步的。

根据个人经验，我可以告诉你，大多数家长都害怕收到孩子学校的来信，因为这通常意味着他们的孩子做错了什么，或者出勤记录不好。但这是一封截然不同的信。

这封信告诉孩子们，他们是多么特别和独特。

这封信强调了他们所有的天赋技能和能力，以及使他们成为聪明个体的一切。

孩子们被告知,他们的笑声如何能照亮最黑暗的一天,标准评估考试的考官们不知道他们是多么善良、值得信赖和体贴。

这封信被报纸和网站转载,并通过社交媒体在全球范围内传播。

亲爱的六年级的同学们:

下周你们将参加标准评估考试,包括数学、阅读、拼写、语法和标点符号的运用。我们知道你们有多么努力,但有一件非常重要的事情你们必须知道:

标准评估考试并不能评估你们每个人的独特之处。出这些考题并给它们打分的人并不像我们这样了解你们每个人,当然也不像你们的家人那样了解你们。

他们不知道你们中有些人会说两种语言,也不知道你们中有些人喜欢唱歌或画画。

他们没有看到你们在舞蹈或演奏乐器方面的天赋。

他们不知道你们是小伙伴值得信赖的人，你们的笑声可以照亮最黑暗的一天，或者感到害羞时你们的脸会变红。

他们不知道你们参加体育运动，对未来充满好奇，或者有时在放学后帮助你的弟弟妹妹。他们不知道你们是善良的、值得信赖的和体贴的，你们每天都在努力做到最好。

你们在此次考试中得到的分数会告诉你们一些事情，但不会告诉你们所有的东西。聪明有多种表现形式。你们很聪明！所以，当你们在为此次考试做准备的时候，请记住，没有任何办法可以"测试"所有让你们感到惊奇和敬畏的东西！

……

这封信最后引用了亚里士多德的一句话："教育头脑而不教育心灵，那根本就不是教育。"多么精彩的一封信！是的，考试很重要。但正如这封信所强调的那样，一个孩子的天性远比在考试中取得成功（或不成功）更重要。这一切都表明孩子们是被重视的，这也是为什么这些老师的所作所为是——并将继续是——如此鼓舞人心。鼓励的信号契合了人类的一项基本需求：你因你所是而被重视。这与你的收入、你的资历、你的工作，你开什么车、你住在哪里或你认识什么人无关，你仅仅因你是独立的个体而被重视。这封信突出了这样一个概念，即无论能力如何，每个孩子都应该因其本身受到尊重和欣赏。

真正欣赏你自己

当你意识到自己是一个独一无二的人时,你会有一个最鼓舞人心的想法。这个世界上没有人能像你一样。你是独一无二的,因此,你应该更加珍惜和欣赏自己。你出生并好好地活着,就很棒。

也许下面的例子能帮助你认识到自己的独特性。正如作者梅尔·罗宾斯(Mel Robbins)所解释的那样,你作为"你"而出生的概率约为400万亿分之一,这就是你在特定的时间和地点出生、有着特定的父母和特定的基因所构成的概率。

阿里·贝纳齐尔(Ali Benazir)博士是一位作家,曾就读于哈佛大学(Harvard University),在加州大学圣迭戈分校（University of California, San Diego）获得了医学学位，并在剑桥大学学习哲学，这拓展了罗宾斯的思想。

考虑到地球上有数十亿的男人和女人，他计算出了你的父亲和母亲年轻时见面的概率。

然后他开始思考你的父亲和母亲在他们生命的前25年，各自会遇到多少异性。接下来，他研究了他们谈话、再次见面、建立长期关系、在一起生孩子、正确的卵子和正确的精子结合后形成"你"的概率。他进一步研究了你所有先辈结合的概率，以及所有正确的精子遇到所有正确的卵子并生出你的每一个先辈的概率。

贝纳齐尔的结论是："你存在的概率基本上为零。"

他这样解释道："这是200万人聚在一起的概率，相当于每个人用有着万亿面的骰子玩掷骰子游戏。相当于他们每个人掷骰子的时候，要得到完全相同的数字如550343279001。奇迹是指几乎不可能发生的事情。根据这个定义，我刚刚证明了你就是个奇迹。现在，你要走出去，去感受和行动，就像你是一个奇迹那样。"

所以，请从"你"的诞生过程中获得启发吧！如果外星人乘坐不明飞行物来到地球的大气层并观察我们的星球，毫无疑问，他们会发现在地球上数以百万计的物种中，智人会脱颖而出。我们处于食物链的顶端，我们驯服并扩展了我们在整个地球上的栖息地，在最近的几个世纪里，我们在技术、工程、社会和艺术方面取得了巨大发展。

值得注意的是，从进化的视角来看，我们在很短的时间内取得了巨大的进步。

进化生物学家理查德·道金斯（Richard Dawkins）用一个极好的类比来强调这个事实：伸出双臂，如果这个长度代表地球上生命的历史跨度，即从生命起源到今天的时间，那么我们人类的整个历史就可以用一个指甲盖的厚度来表示。所有有记载的人类历史就相当于用指甲锉轻轻锉下的一粒灰尘。

所有曾经生活在地球上的物种，很多已灭绝。人们不禁要问：我们人类是如何延续至今的？我们不仅生存了下来，还取得了超越地球上任何其他生命形式的智力和技术进步。

那么，是什么让我们与众不同呢？

首先，我们对并不实际存在的物体、原则和思想进行抽象思考的能力使我们与众不同。我们可以想象未来要做的事情，比如计划去度假、参加体育运动或文化活动。我们可以通过写作、交谈和绘画来交流。

我们的基因依靠生殖来传递，但模因——通过模仿传播的文化信息单位——可以通过书写、言语、手势或仪式更快地传递。模因有助于积累知识和经验，是推动人类进步的强大力量。

人类的许多发明使我们不仅仅是生物学意义上的人类。爱丁堡大学的哲学家安迪·克拉克（Andy Clark）和纽约大学（New York University）的大卫·查尔默斯（David Chalmers）提出了"扩展思维理论"（Theory of the Extended Mind），该理论描述了我们如何利用科技将意识的边界推到我们的头骨之外。我们使用电脑和智能手机之类的工具来增强认知能力，或者使用强大的望远镜来扩大我们的视觉范围。他们认为，科技已经成为我们外骨骼的一部分，让我们能够超越自己的局限性。

事实上，作为人类，我们能够书写、阅读和思考我们精神能力的独特本质，这一事实本身就令人敬畏。甚至只要想到你也属于这样一个奇妙的物种，都会令人感到振奋。

加州大学圣迭戈分校的神经科学教授VS·拉玛钱德兰（VS Ramachandran）或许说得最好："这是一块3磅[①]重的果冻，你可以把它握在手掌里，思考无限的意义。"

希望这些例子能让你觉得自己是一个非常有价值的人。事实上，你还活着，还有呼吸，你是一个非常特殊的物种的一分子，这应该让你感到震惊！所以，不要用

[①] 1磅≈0.4536千克。——译者注

你挣多少钱、开什么车、送孩子去哪里上学或住什么房子来衡量你的自我价值,要真正欣赏你自己。这个简单的行为——重视自己——是发现内驱力、驾驭内驱力并将其转化为成功的起点。当你开始更加重视自己时,你就更有可能对生活抱有积极的态度。而这反过来又使你更有可能去寻找新的内驱力来源。

在这一过程中,还有两个重要的因素将引导你获得突破性的体验:个性和风险。

你存在的概率有多大？

让我们从头算起。

你爸爸见到你妈妈的概率是多少？

虽然20年前这个世界比现在显得要小，但你爸爸可能已经遇到了近2亿名女性。（加油，爸爸！）

不过，在过去的25年里，他可能遇到了大约10000个女人。

所以你妈妈在这一小群人中遇见你爸爸的概率是1/20000。

但我们知道爱情是非常微妙的。

他们在一起相处到有孩子的可能性有多大？

他们互相交谈的概率是1/10。

他们第二次约会的概率是1/10。

他们约会一段时间的概率也是1/10。

掷硬币决定他们在一起的时间是否足够长。

因此，父母的相遇最终生出孩子的概率是1/2000。

到目前为止，你身处此时此地的总概率是1/40000000。

4000万相当于加利福尼亚州的人口规模。

现在事情开始变得有趣了。

因为我要开始考虑大量的卵子和精子了。

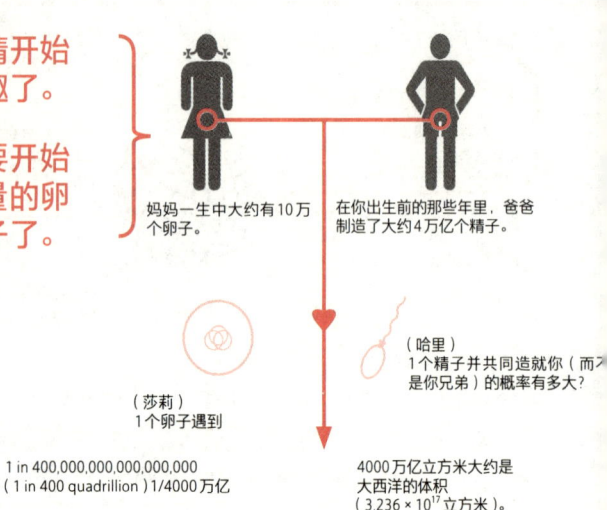

妈妈一生中大约有10万个卵子。

在你出生前的那些年里,爸爸制造了大约4万亿个精子。

(莎莉)
1个卵子遇到

(哈里)
1个精子并共同造就你(而不是你兄弟)的概率有多大?

1 in 400,000,000,000,000,000
(1 in 400 quadrillion)1/4000万亿

4000万亿立方米大约是大西洋的体积
(3.236×10^{17} 立方米)。

但我们才刚刚开始。

你身处此时此地这一事实说明,地球上的存在是以另一个极其不可能的、完全不可否认的连锁事件为前提的。也就是说,你的每一个祖先都活到了生育年龄——不仅可以追溯到第一个智人、第一个直立人和能人,还可以追溯到第一个单细胞生物。你是40亿年前生命的完整血统的代表。

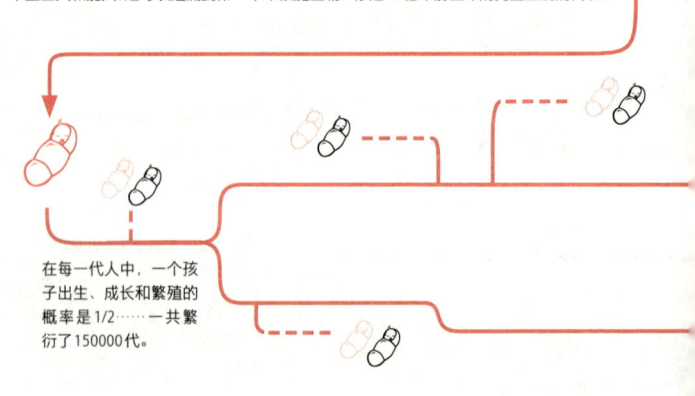

在每一代人中,一个孩子出生、成长和繁殖的概率是1/2……一共繁衍了150000代。

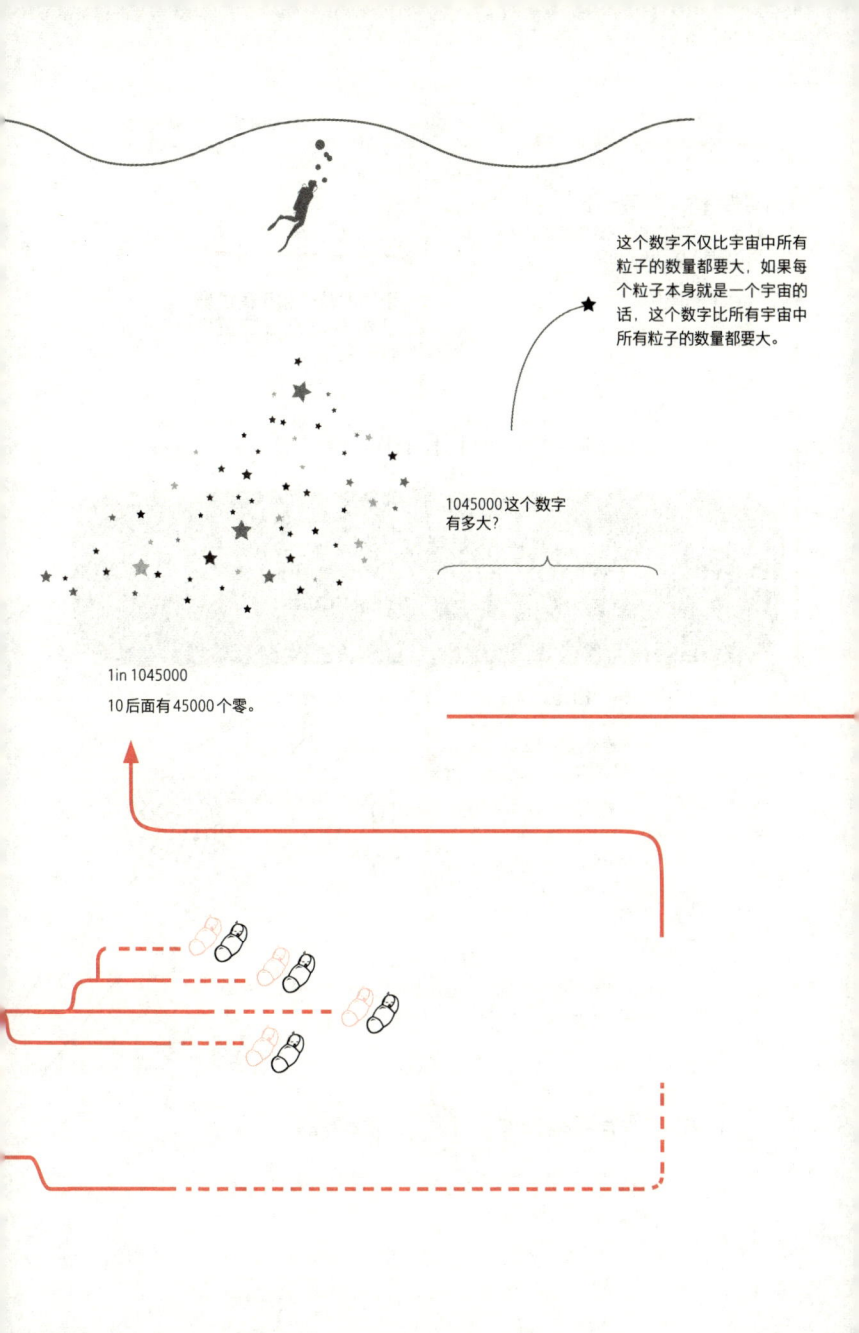

这个数字不仅比宇宙中所有粒子的数量都要大,如果每个粒子本身就是一个宇宙的话,这个数字比所有宇宙中所有粒子的数量都要大。

10^45000 这个数字有多大?

1 in 10^45000

10后面有45000个零。

这相当大，但等一下。

对每一个祖先来说，正确的精子也必须与正确的卵子相遇。

也就是每一代都要用一千万亿乘一千万亿。

正确的精子和正确的卵子相遇15万次的概率有多大？

1 in $10^{2640000}$

让我们把这些都乘起来。

$10^{2640000}$ X 10^{45000} X 2000 X 20000 ≈ 1 in $10^{2685000}$

相比之下：

一个普通男性（80公斤）体内的原子数约为： 10^{27}

组成地球的原子数约为： 10^{50}

已知宇宙中的原子数估计为： 10^{80}

可以这样想：

这是200万人（相当于圣迭戈的人口）聚在一起的概率，每个人抛一个有万亿面的骰子，他们得到的数字要完全相同——例如，550343279001。

所以，你存在的概率是： 基本为零。

第二章 Chapter · 02

花时间做自己擅长的事

—— 个性

以不同的眼光

看待事物。

1976年4月，史蒂夫·乔布斯（Steve Jobs）和史蒂夫·沃兹尼亚克（Steve Wozniak）等人共同创立了苹果公司，这家领头羊科技公司今年刚满45岁。

当然，苹果是世界上最有价值和最受尊敬的公司之一，它开发了一系列令人惊叹的产品，包括Mac、iPod、iPad和iPhone。

但这家公司的发展并非一直是一帆风顺的。在20世纪70年代和80年代初，具有开拓性的Apple I和Apple II个人电脑取得了惊人的成功，之后，苹果公司便遭遇了一些致命性的失败。AppleIII、丽萨（Lisa）和麦金托什（Macintosh）都因各种原因而失败，乔布斯也于1985年离任。20世纪90年代初，苹果再次陷入困境，1996年，公司董事会说服乔布斯重返首席执行官（CEO）岗位。

当乔布斯和他的团队忙于开发新产品以重振苹果的

品牌力量时，他想要进行一场广告宣传活动，让苹果的忠实粉丝们重新记起当初让苹果变得伟大的那些品质。

他聘请了TBWA/Chiat/Day广告公司，这家公司精心制作的广告后来成了有史以来最受关注的广告之一。它围绕着一个看似简单、语法上很笨拙的口号——不同凡想（Think Different）。

该机构创意总监兼执行合伙人罗伯·西塔宁（Rob Siltanen）为苹果公司的"不同凡想"电视营销活动撰写了史上最著名的广告语之一。他将其命名为"致疯狂的人"（The Crazy Ones）。

这则广告由演员理查德·德莱弗斯（Richard Dreyfuss）配音，以对反主流文化偶像的致敬开始，让人印象深刻。广告中出现了10多位20世纪的梦想家的黑白肖像。如阿尔伯特·爱因斯坦（Albert Einstein）、艾米莉亚·埃尔哈特（Amelia Earhart）、约翰·列侬（John Lennon）和马丁·路德·金博士（Dr Martin Luther King）等人的照片出现在赞扬大胆想法的力量的图像中。这则广告颂扬那些"格格不入的人",他们以不同的眼光看待事物,推动了人类向前发展。

这场活动并不是苹果命运逆转的唯一原因,但在公司困难时期,它在凝聚客户、员工和股东方面发挥了重要作用。它重申了该品牌的目标和抱负,更重要的是,它告诉全世界,随着乔布斯重新掌舵,苹果的魔力又回来了。

我认为,西塔宁写的广告文案是出色的、有力的和鼓舞人心的,主要是因为它从根本上促进了个性化。它告诉我,**不要盲从,而要坚持你的信念并有所作为。**

这则广告告诉你,要审视你在一生中积累或形成的但在内心深处并不相信的观点和意见。别再顺从了!开始花时间做你自己擅长的事情吧!

基本上,是时候成为一个疯狂的人,并且"不同凡想"了。

通过做自己，你会体验积极的情绪

个性能激发内驱力，有多种原因。

个性鼓励创新和创造，它允许你无视惯例和界限。那些不被"什么可以完成"或"什么不能完成"的概念限制的人，能够从不同的角度审视当前的情况，并设计出创新的解决问题的方案。

同样，强烈的个性意味着不被他人的恐惧或怀疑左右。许多人都为不确定性和自我怀疑所困扰，但当看到他人的个性特征时，他们就会克服恐惧感。那些真正有个性的人能够为自己权衡潜在的风险和利益，而不考虑社会上什么可能会被普遍接受或被反对。

个性也鼓励其他人尝试更具有创新性的方法。那些看到一个有着独特想法的人取得成功的人，往往会受到启发，从而追求自己的事业。

通过做"自己"，你的压力和焦虑可能会减轻，你会体验到积极的情绪，比如快乐、同情、乐观、幸福、善良和热情。积极的情绪并不仅仅是我们所追求的短暂的快乐带来的"快感"，它们在日常生活中发挥着重要的作用。

北卡罗来纳大学教堂山分校（University of North Carolina, Chapel Hill）的心理学教授芭芭拉·李·弗雷德里克森（Barbara Lee Fredrickson）是这一领域的领先研究者，她充分证明了积极情绪的好处。她提到的结果包括活得更长、适应力更强、身心健康状况更好、更加投入。

当你发现不忠于自己时,要重新发现自己的个性

相反,消除或限制个性会产生严重的后果。一个臭名昭著的例子就是斯坦福监狱实验。

1971年,位于加利福尼亚州的斯坦福大学(Stanford University)招募了24名男子来参加一项心理学实验,旨在展示狱警和囚犯之间权力动态的影响。实验是在一所学校的地下室进行的。为了达到研究目的,这所学校的地下室被改造成了一座隐喻性的监狱。其中,一半志愿者扮演狱警的角色,另一半扮演囚犯的角色。

一开始,他们给12名"囚犯"发了监狱制服,基本上就是印有数字的长衬衫。

他们本该被"关押"两周,但由于"囚犯"遭受了

严重的心理创伤，研究只持续了6天。实验被叫停并不是因为身体暴力，这是不被允许的。但除了这项禁令，"狱警"们被赋予了完全的权力，并被允许按照他们认为合适的方式对"囚犯"进行纪律惩戒。

进行实验的心理学家剥夺了"囚犯"的个性，为接下来的实验做好了准备。"狱警"们对"囚犯"一视同仁，他们只叫"囚犯"的编号而不叫名字。"囚犯"的长衬衫看起来更像裙子，这起到了"阉割"他们个性的效果。

在一系列的挑衅、惩罚和肢体冲突后（"狱警"表现出越来越残忍的行为），"囚犯"们开始变得"疯狂"。他们尖叫、诅咒，似乎失去了控制。

研究人员得出结论，这是由去个性化带来的，在这种状态下，一个人会沉浸在群体规范中，以至于丧失了所有的自我认同感和个人责任感。"狱警"们之所以如此残暴，可能是因为他们不觉得这是他们的个人责任——这是一种群体规范。"囚犯"们因为穿着制服而丧失了自我认同感。

事后，大多数"狱警"都难以相信自己的行为竟如此残忍。许多人说，他们不知道自己会做出这种行为。"囚犯"们也不敢相信他们在狱中的反应是顺从的、畏缩的、依赖的。一些人曾声称对自己的品行相当自信。

显然，这是一个极端的例子，它说明了如果你完全失去个性后会发生什么。我并不是说"随波逐流"会导致严重的心理后果，但是，它确实说明了个性是多么强大。

所以，如果你在生活的某个阶段觉得你并不忠于自己，你该如何开始重新发现自己的个性呢？

接受你的处境，接受真实的自己

大多数人都太在意别人对我们的看法了。因此，我们可能会伪装或操纵我们的个性特征，以更好地确保他人不会对我们作出评判或负面反应。如果你过于担心别人对你的看法，那么你更有可能操纵自己的个性和沟通方式，要么寻求认同，要么避免被不认同。

对我们大多数人来说，暴露真实的自我存在巨大的风险，因为我们生活在一个人人都在网上展示自己如何有趣和有吸引力的世界里。做你自己会有风险，因为你在"公众"面前或"社交媒体"上的面孔从来都不是你真实的样子。如果你开始展现真实的自我，那么这些人可能真的会以不同的方式对待你,这是一种可以感知到风险的方式。但是,如果你不得不在这些人面前隐藏真实的自己,你最终会感到失落、孤独,甚至一文不值,无法与他们建立深厚的联系。

这可能很难把握。所以,这里有五个简单的方法来帮助你重新发现自己的个性。

接受你自己

无论你经历过什么,做回自己的出发点就是接受你的处境,接受真实的自己。记住我在第一章中所说的:你是一个独一无二的人。地球上没有人能像你一样,这就是你的"当下"——你眼前的生活现实。

当你接受你的"当下"时,你会发现自己已经把一种沉重的负担从肩膀上卸了下来。我知道这对某些人来说非常困难,但你还可以选择保持现状,并通过真实的自己或者你的在线角色采取行动。

识别消极的自我对话

面对一些特定的情况时，你的第一反应往往是进行自我对话。自我对话的内容是源源不断的未说出口的想法，贯穿于你的头脑中。这些自然而然的想法可能是积极的，也可能是消极的。你的自我对话有的来自逻辑和理性，有的可能来自误会和误解。

通过你在传统媒体和社交媒体上看到的内容，以及你与它们的联系，很多自我对话都可以被"推动"。因此，只要限制自己的"社交"时间，你就可以有效地减少消极的自我对话。

专注于自己的优点

除了消极的自我对话，你还可能养成专注于自己的弱点而不是赞美自己的优点的坏习惯。善于利用优点可以增强幸福感，改善工作表现，帮助你变得更加投入，使你更有可能实现目标。善于利用优点可以增强你的适应力、信心和幸福感。

展现真实的自己

有什么能阻止你做回自己呢?在大多数情况下,你会害怕当你展现真实的自己时别人对你的看法。因此,你总是试图展示自己最好的一面——或者一种精心打造的幻想出的形象,无论是通过自己的行为还是你的社交媒体资料。

人们装腔作势,只露出自己"庐山真面目"的一部分。

但重要的是,你要展现出真实的自己。

你需要真诚地对待自己——真诚地做你自己——因为如果你停止这样做,即使是一段时间内,你也可能会开始忘记内心深处那个真正的自我。这样一来,在任何层面上,成为你真正想成为的"个体"都是非常困难的。

展现你的脆弱

成为你自己的另一个重要的步骤是展示你的弱点。

可能公开示弱是很可怕的。

但要完全做自己,你必须完全成为你自己。你不能只挑选喜欢的部分进行展示;你不能只展示"修剪"过的、"PS"过的自己。你必须时不时地展现自己的脆弱。

你可以选择特定的人或合适的时机来展示你的脆弱。不管你是和每个人分享你的故事,还是仅仅和一些人分享,这都会帮助你成为完整的自己,至少在某些时候是这样的。

如果你把自己从不安全感和恐惧感中解脱出来,并通过专注于自己的优点来重视自己,你会变得更勇于示弱,这将为你的自我赋能的生活奠定基础。把自己从对别人如何看待你的忧虑中解脱出来,你会变得更加真诚,对新的内驱力来源更加开放。

所以,请做真实的自己,加入那些"疯狂的人"的行列,找回你的个性吧!

第三章 Chapter 03

成为少数派

——风险

但我们也相信冒险,

因为只有这样才能

推动事情的发展。

让我给你介绍一个你可能从未听说过的人，但正是他的发明让世界变得更安全。

大卫·沃伦（David Warren）博士是一位澳大利亚的科学家，他的专业是火箭科学。20世纪50年代，他在澳大利亚国防部的一个部门工作，该部门的工作重点是研究飞机。1953年，他被借调到一个专家小组，试图解开一个代价高昂、令人痛苦的谜题：为什么世界上第一种商用喷气式客机、新"喷气时代"的巨大希望——英国德哈维兰彗星型客机（de Havilland Comet）——不断坠毁？

有几十个可能的原因，但除了死亡和碎片外，没有其他证据。

50多年后，沃伦博士回忆说："人们喋喋不休地谈论着员工培训、飞行员的错误、飞机尾翼脱落，以及各种我一无所知的事情。"

"我发现自己梦见了一周前在悉尼第一届战后贸易博览会上看到的东西，"他说，"据说那是第一台袖珍录音机——Miniphon。那是前所未有的。"

Miniphon是一种面向商人的听写机，他们可以坐在办公桌前记录信件内容，然后由秘书打印出来。起初，沃伦对Miniphon感兴趣只是因为它可以用来为他最喜爱的爵士音乐家录音。不过，当他的一位同行提出这款注定要毁灭的客机可能会被劫持时，沃伦感到有些意外。如果天空中的每架飞机的驾驶舱里都安装着一个小型记录器会怎样？如果这个小型记录器足够坚固，能在坠机事故中幸免于难的话，事故调查人员就再也不会感到困惑了，因为他们可以听到坠机前每一分、每一秒的录音。至少，他们会知道飞行员说了什么、听到了什么。这个想法使他着迷。沃伦知道他设计驾驶舱记录器的想法很好，但没有官方的支持，他几乎无能为力。他冒着风险，决定把自己的发明推销给老板。老板很感兴趣，敦促他继续研究，但要谨慎。由于这不是政府批准的项目，也不是一种能赢得战争的武器，它不能占用宝贵的实验时间和资金。事实上,他的老板对他说:"如果我发现你和任何人,包括我,谈论这件事,我就不得不解雇你。"对一个有妻子和两个孩子的中年人来说,这是一种能让人清醒的办法。然而,他决定尝试制作第一台原型机,用钢丝来储存4小时的飞行员的声音和仪器读数。他还设计了自动删除旧记录的功能,所以它可以重复使用。沃伦的秘密实验将制造出世界上第一个"黑匣子"飞行记录器。他的原型机非常成功,并投入了全面生产。1960年,澳大利亚成为第一个强制使用驾驶舱语音记录器的国家。如今的"黑匣子"是防火的、防水的、用钢包裹的,并且是世界上每一次商业飞行的必备品。随着工程缺陷的暴露和安全创新的接踵而至,很难说有多少人的生命要归功于在飞机失事过程中捕捉到的数据。沃伦冒着失去工作的风险研发了"黑匣子",因为他受到了潜在结果的启发:拯救生命。他总结说,这比保住工作更重要,这是非常鼓舞人心的。

冒险者，更容易脱颖而出

每个人的一生中都有雄心壮志——梦想着为自己而工作；到世界的另一个地方去度假；重返大学；写书；放弃一份没有真正的满足感的工作。然而，大多数人都会找借口不去冒险，尽管冒险有助于他们实现抱负。我们都能说出一连串的借口："我需要偿还抵押贷款。""我打算今年带我的孩子去度假。""我想买一辆新车。""我需要钱来做这些事，所以我现在不能冒险。""如果我失败了……或者更糟，如果人们嘲笑我的尝试呢？我受不了这种羞辱。""不，也许等孩子们年龄大一点，我再考虑一下。"这样一来，雄心壮志被搁置一旁，直到它从你的记忆中消失。然后，几个月或几年后，一个新的抱负开始在你的脑海中形成，你同样谨慎以待，充满怀疑，重复着先前的模式。长此以往，你成了不幸的大多数人（不管出于什么原因，他们没有实现自己的雄心壮志）中的一员。正如阿尔伯特·爱因斯坦所说："船在岸边总是安全的，但这并不是建造它的目的。"大多数人都待在自己的"安全港"里，不愿意冒险扬帆驶向充满希望的新天地。

那么，你如何避免成为他们中的一员呢？首先，你需要明白，冒险者是少数人。大多数人天生就厌恶风险，所以，如果你经常冒险，就会脱离主流。然而，这是一个好消息：你将面临更少的竞争，更容易开辟自己的道路。这样一来，你将更容易脱颖而出。

其次，你还要理解承担正确风险的好处，因为并非所有的风险都是一样的。

因此，你应该根据以下注意事项来冒险：

检查所有的选项

冒险不是抓住每一个机会,而是选择正确的机会。在做出任何决定之前,你要充分考虑所有的选项。

衡量风险

创业导师伦纳德·C.格林(Leonard C.Green)以其"创业者并非冒险的人,而是衡量风险的人"的观点而为人所知。你的目标不是盲目地拿你的事业和家庭冒险,而是要最大化获得成功的机会。尽可能详细地了解成功的概率,是选择正确风险的关键。

接受冒险包括不确定性和变革

从本质上讲,冒险意味着挑战不确定性并进行变革。努力接受这一点,专注于可能发生的积极结果。

彻底消除风险的努力注定是失败的

脸书的创始人马克·扎克伯格(Mark Zuckerberg)

说:"唯一注定要失败的策略就是不冒险。"如果你为了一种稳定的、确定的未来而放弃在生活中冒任何风险,那么你将错过眼前的所有机会。这种稳定可能会让人感到欣慰,但不会给你带来任何程度的成长或进步。

"我们一直都是这样做的"可能是非常危险的信号

麻省理工学院斯隆管理学院(Massachusetts Institute of Technology's Sloan School of Management)的高级讲师比尔·奥莱特(Bill Aulet)坚持认为,按照一贯的方式做事,可能是"你所能做的最有风险的事情"。这与人们的直觉恰恰相反。

那么,为什么冒险者是少数派呢?

采取冒险的行动，标志着新习惯的开始

仅仅了解冒险的好处是不够的。我们大多数人天生就厌恶风险。面对风险或糟糕的情况，人类的大脑会想象最坏的情况，不幸的是，这会影响我们的工作效率，让我们感到焦虑和产生压力。

从历史上来看，这对我们人类来说是件好事。强化对风险的感知会使我们远离危险的领域，并最大限度地增加我们的生存机会。但在现代社会，我们可能冒的大部分风险都不会危及生命，过度活跃的想象力可能弊大于利。

你可能会认为，冒险倾向是通过遗传或一个人所接受的教育决定的。在某种程度上，你是对的。例如，一

项发表在《自然》杂志网站（nature.com）上的研究表明，皮质醇和睾丸激素水平可能与高风险行为有关，而荷尔蒙是你无法控制的。

然而，有一些策略可以让你在日常生活中更自如地承担风险。神经科学家兼领导力教练塔拉·斯瓦特博士（Dr Tara Swart）已经证明，目前的风险厌恶（或风险承受能力）与我们过去从风险中获益的方式有关。如果你冒了一次险并得到了回报，那么你的生理反应是在未来倾向于冒险；如果你冒了一次险却没有得到回报，你将倾向于规避风险。因此，你可以通过在日常生活中承担更多的风险（即使风险很小）来使自己更适应冒险。只要你做出明智的风险选择（确保你获得报酬的概率大于50%），最终所有这些决定都会强化承担合理风险的好处，你将来就不会像以前那样厌恶风险了。也有证据表明，你可以通过假装用不同的思维方式来塑造你的思维方式。2016年，马里兰大学的凯文·邓巴（Kevin Dunbar）教授和丹尼斯·杜马斯（Denis Dumas）博士发表了一篇题为《创造性刻板印象效应》(*The Creative Stereotype Effect*)的论文。他们发现,当人们以与他们对有创造力者会如何做的看法相一致的方式行事时,他们可以更有创造性地解决问题。换言之,"在你成功之前假装成功"的方法植根于现实。看来,像冒险者一样思考,像冒险者一样行事,可以让你在日常生活中更愿意冒险。这种转变如此容易,以至于你会在厌恶风险大半辈子之后突然变成冒险者吗?绝对不会。但这是可能的。如果你想实现雄心壮志,你就需要开始承担更多的风险。从今天开始,做一个冒险的决定或采取一个冒险的行动,即使它的好处或后果微乎其微。它标志着一个新习惯的开始,也许有一天,这种习惯会为你实现最崇高的目标奠定基础,奠定基础之后,你将对新的内驱力来源变得更加开放。然后,为了利用这种内驱力获取成功,你需要:接受自己的独特性和个人价值;赞美自己的个性,在努力做到真实的同时,与大众保持不同的思考方式;不要与大多数人待在一起,而是加入少数人的行列,成为一个有计划的风险承担者。这将推动你前进，让你充满激情、热情和能量。即便如此，还是有一些东西可以阻挡它们，比如盲目的自我、自信和琐事。

第三章 ※ **成为少数派** —— 风险

- **打破看不见的界限**

- **制订策略对抗自我怀疑**

- **从更实际的角度来思考幸福**

我们不能用创造问题时的思维来解决问题。

——阿尔伯特·爱因斯坦

第二部分

重新出发,现在就是最好的时光

Part Two

Again, Now is the Best Time

第四章 打破看不见的界限

Chapter · 04

—— 盲目的自我

你知道，

你可以愚弄自己。

你认为这是不可能的，

但事实证明

这是最简单的事情。

尽管我可以坐在办公桌前，通过亚马逊（Amazon）、水石书店（Waterstones，英国连锁书店）或史密斯书店（WHSmith，英国一家连锁书刊零售商）等的网站获取数以百万计的书籍，但这都不如走进书店。

一走进书店，咖啡的香气和新书特有的气味就会扑面而来，让我感到一种平静和惬意。我进入了一个充满灵感的地方，书架上堆满了想法、智慧、知识和价值。不知道为什么，但我就是喜欢。我通常会去逛一些区域，在那里我会找到关于智慧、思维、商业、企业家精神和大众心理学的书。

我妻子可以作证，在那种时候，我发现自己很难不买至少一本书。有时，我会买一些本来认为不错的书，结果却发现自己的期望没有得到满足。在其他场合，我会发现真正能激励我的"宝石"。前几天，我发现了一块真正的"宝石"，正是它启发我写了这一章。

《改变思维：释放创造性自我的57种方法》(*Change Your Mind: 57 Ways to Unlock Your Creative Self*)是罗德·朱德金斯（Rod Judkins）的一本书。他是一位艺术家和作家，在伦敦中央圣马丁艺术学院（Central St Martins College of Art）授课。在书中，他分享了一个关于"障碍"的具有启发性的故事。

当讲师缺席时，朱德金斯被要求去教一门设计课。他给学生们提出了一个挑战，就是用一张A4纸做一架纸飞机，使这张纸至少可以在房间里飞行60英尺①。学生们想出了各种各样的设计方案，并尝试了不同的发射方法和飞行方式。

在无数次发射失败、螺旋式下坠和俯冲失败之后，学生们变得灰心丧气，开始认为这个目标是不可能实现的。最后，一个学生非常沮丧地把纸飞机揉成一团，扔进了另一边的垃圾桶里。

---

① 1英尺=0.3048米。——译者注

当朱德金斯看到所有的学生都尝试过且均以失败告终后，他从桌子旁站起来，穿过教室，走到垃圾桶所在的地方，拿出那架皱巴巴的纸飞机。他宣布这架飞机做到了，因为它完成了规定的距离，并祝贺那个把纸团扔进垃圾桶的学生。

学生们看起来很困惑，朱德金斯解释说："谁说飞机必须看起来像飞机？"

朱德金斯提出的挑战就是要打破学生想象力的障碍。他试图让学生们看到，他们的思维受到了限制，因为他们有意识地认为存在障碍，而事实上却没有。他想激励他们突破局限性——打破根深蒂固的成见——以实现他们最初认为不可能实现的目标。现在的问题是如何打破你看不见的界限，它们可能会阻碍你寻找新的内驱力来源。好吧，且听我来分享一些想法。

培养自我意识

1955年,美国心理学家约瑟夫·卢夫特(Joseph Luft)和哈灵顿·英厄姆(Harrington Ingham)开发了一个模型,用来帮助人们更好地了解自己和他人的关系。

他们将其称为"乔哈里之窗"(Johari's Window),"Johari"一词是他们的名字的组合。2000年,作者兼哲学家查尔斯·汉迪(Charles Handy)基于这一模型开发了一种领导力和管理工具,名为"乔哈里之家"(Johari House),旨在培养自我意识。

汉迪认为,为了培养自我意识,你不仅需要知道自己是如何看待自己的,还需要知道别人是如何看待自己的。"乔哈里之家"是汉迪对一个人的类比，他开发了一个模型，可以应用于你、我乃至任何人，帮助我们培养自我意识。

在"乔哈里之家"内有4个房间，每个房间代表一个人的4个部分：

1号房间代表你和其他人都能看到的你的一部分——开放的自我。例如，你可能非常有条理；你会专注于时间表和最后期限；你建立了例行程序；你纪律严明。你知道这一点，你周围的人也知道。

2号房间代表你身上只有别人才能看到的部分，你自己却没有意识到。这就是盲目的自我。

3号房间代表你的潜意识部分，你和其他人都看不见——这是未知的自我。这是传统心理学家喜欢谈论的部分：弗洛伊德的领域。

4号房间代表你的私人空间，你知道但不让别人知道的部分。它是隐藏的自我。这个房间里有你最私密的想法——那些你不会告诉别人的事情。

在我看来，2号房间是"乔哈里之家"中最吸引人的，因为它有可能阻碍你发现新的内驱力来源。从根本上来说，你的"盲目的自我"包含了你的行为和个性的某些方面，这些方面既可能阻碍你前进，也可能推动你前进。

下面的一些例子表明，你不知道自己所表现出来的所有特质和行为，其他人都知道——唯独你一无所知。

一些盲点会阻碍你成为更好的自己

就像朱德金斯设计课上的学生一样,每个人都有"盲点"或"无形障碍"。这些是你不了解的行为,或者你没有意识到它们对自己或他人的影响。

洛雷塔·马兰德罗(Loretta Malandro)博士在她的《无畏的领导》(*Fearless Leadership*)一书中指出了8个行为盲点,这些盲点会阻碍你成为最好的自己。

抱有"我知道"的态度

你认为自己永远是对的,而那些不同意你的人是错的。这包括不听取他人的意见、拒绝探索其他选项、对他人的意图或想法做出假设。

对自己针对他人的行为不敏感

你评判别人时不是看他们的意图,而是看他们的行动。你选择的措辞可能是刻薄的或容易被误解的,且会激起对方的负面反应。你没有意识到自己的行为和行动实际上让别人觉得毫无价值。

避免困难的对话

你总是试图避免冲突和紧张的情况,从而避免可能发生的谈话。

独自行动

做事时不征求别人的意见,因为你觉得需要自己完成工作。这可以包括不接受他人的帮助,也不让他人参与决策。

指责他人或环境

你会避免承担责任,或者通过推卸责任来否定责任。出现问题后，你总有理由、借口或解释。

不遵守承诺

你没有履行自己的义务。你经常在会议上迟到或者没有按时完成项目。你总是说"我试试"而不是"我会的"。

密谋反对他人

你在背后说别人的坏话、闲话，散布阴谋论。你不是当面向别人提出问题，而是在背后诋毁别人的想法或成就。

不表明立场

你知道自己应该针对重要的问题采取措施，但你没有，因为这可能会对你造成影响。当你和朋友在一起或者开会的时候，即使并不同意大多数人对某个问题的看法，你也不会说出来。

	自己知道	自己不知道
别人不知道	**开放的自我** 关于你的信息，你和别人都知道	**盲目的自我** 关于你的信息，你不知道，但别人知道
别人知道	**未知的自我** 关于你的信息，你和别人都不知道	**隐藏的自我** 关于你的信息，你知道，但别人不知道

审视过去，从而确定你的行为模式 ◀

下面的内容将有助于你厘清自己的盲点，了解它们是如何影响你的，并学习如何更好地管理它们。这将为个人成长和学习打开大门，反过来，也会让你在做任何事情时都更加自觉。

找一个你真正信任的人

理解并接受有盲点是第一步。找一个有足够洞察力的人，他能清楚地看到你看不到的东西，并且愿意对你说实话。大多数人要么没有洞察力，要么没有勇气说实话。找一个非常了解你并且愿意告诉你困难信息的人，让他谈谈他看到的你的盲点，并向他保证，他所说的话不会破坏你们的关系。

让各种各样的思考者围绕着你

结识有不同观点、经历或视角的人,并向他们学习。怎么找到这些人呢?并不是每个人都想加入商业俱乐部、读书俱乐部、体育俱乐部,或者参加课程、社交活动或艺术展览。如果你也是这样的,那就上网吧。在维基百科(Wikipedia)、优兔(YouTube)、博客、Instagram、TED演讲、领英(LinkedIn)和推特(Twitter)上,你可以"遇见"许许多多令人着迷和鼓舞人心的人。

审视过去,从而确定你的行为模式

回顾你一生中获得的成功。你表现出的什么样的行为使你走到了今天?你现在是否对自己的行为模式感到尴尬,或者对那些帮助你取得成功的人感到尴尬?对于你所做的决定,你从身边的人、导师或教练那里得到了哪些有意义的反馈?

找出你的"触发器"

我们都有"触发器"——导致我们不经思考就冲动地或本能地做出反应的情况。领导力专家马歇尔·古德史密斯(Marshall Goldsmith)在他的畅销书《自律力》(Triggers)中解释说,我们醒着的每一个时刻都充满了人、事件和环境,它们会塑造我们的行为或反应。当我们掌握了我们的触发因素,我们就掌控了自己的反应,让它们为我们工作,而不是与我们作对。

接受这一事实吧:跟其他人一样,你也有盲点——这是完全正常的。找一个你真正信任的人,让你身边充满各种各样的思考者,花点时间审视你在各种情况下的表现,并学会识别自己的触发因素。

如果采取了这些步骤,在你面对各种各样的挑战和环境时,你的"盲目的自我"就会慢慢意识到自己的行为和反应。这将有助于你消除一些"无形障碍",找到和利用新的内驱力来源。事实上,当你发现新的内驱力来源时,它就会发挥相反的作用。

第五章 Chapter·05
制订策略对抗自我怀疑
—— 自信

要开始接受和拥抱

你迄今为止在生活中

所取得的成就。

心存感激,并在成功的

基础上再接再厉。

我最近听了特里·格罗斯（Terry Gross）在美国广播节目《新鲜空气》（*Fresh Air*）中对汤姆·汉克斯（Tom Hanks）的采访，后者在节目中谈到他的新片《国王的全息图》（*A Hologram for the King*）。汉克斯是我最喜欢的演员之一，《阿波罗13号》（*Apollo 13*）和《玩具总动员》（*Toy Story*）在我最喜欢的"十大"电影排行榜上都名列前茅。

作为一位才华横溢、备受赞誉的演员，汉克斯总是给人以友好、真诚、轻松的印象。他主演超过75部电影，获得过两次奥斯卡奖。截至2019年，他的净资产约为3.5亿美元。汉克斯是北美地区票房史上排名第五的明星，在北美地区创造了超过49亿美元的票房，在全球创造了99.6亿美元的票房。他被称为"美国老爸"，甚至有一颗小行星以他的名字命名：12818汤姆·汉克斯。所以，我们有理由认为他对自己作为演员的能力充满信心和自信。但是，正如最近的电台采访所表现的，事实远非如此。

在《国王的全息图》中，汉克斯饰演了一位被派往沙特阿拉伯的中年美国商人，沙特国王计划在沙漠中部建造一座新城。汉克斯饰演的亚当·克莱（Adam Clay）的任务是说服沙特国王，能让他在所工作的公司为这座新城市提供IT技术和支持。

汉克斯说，他觉得自己与角色的自我怀疑感和错位感有着特别的联系，因为对他本人来说，这些感觉始终如影随形。"不管你做了什么，总有一天你会想，'我是怎么到今天这一步的？人们也许在什么时候会发现我实际上是个骗子并夺走我的一切'。"尽管汉克斯取得了很多成就，但他仍然怀疑自己的能力，他还说："这是我们都必须经历的危险状况。"

"有时候，我知道第二天下午三点时我就不得不表演出某种程度的情绪，如果我表演不出来，那就意味着我要假装了。如果我假装，那就意味着人们可能会发现我在假装；如果他们发现我在假装，那就是世界末日了。"

我不得不说，听到这番说辞我很震惊。这个人身上满是自我怀疑和混乱，这是我从未想到过的。这段采访也体现出他的另一个特点——这位演员是诚实的。他非常坦率地承认，他自认为是个"骗子"。

这段采访从根本上引起了我的共鸣。我发现我也有汉克斯所描述的感觉：一种做"骗子"的感觉，一种害怕被"发现"的恐惧。虽然我认识到自己在生活中取得了很多成就，但这并不能阻止我偶尔有像汉克斯一样的感觉。

我和一个好朋友谈过这一切，她是一个训练有素的治疗师。她告诉我，这是一种被称为"冒名顶替综合征"的病症。我对它研究得越多，就越能理解它。我还发现，汉克斯并不是唯一一个受此困扰的名人，脸书的首席运营官谢丽尔·桑德伯格（Sheryl Sandberg），音乐家大卫·鲍伊（David Bowie），网球选手瑟琳娜·威廉姆斯（Serena Williams），星巴克创始人霍华德·舒尔茨（Howard Schultz），民权活动家、作家、诗人、诺贝尔奖获得者玛雅·安杰洛（Maya Angelou），赫芬顿邮报（Huffington Post）创办人阿丽安娜·赫芬顿（Arianna Huffington）和音乐家"女神卡卡"（Lady Gaga）都承认，尽管取得了成就，但他们都有做骗子的感觉，并害怕被发现。

听听女演员艾玛·沃森（Emma Watson）是怎么说的吧。"现在，当我的演技得到认可的时候，我感到非常不舒服，"她说，"我倾向于自首。我觉得自己像个骗子。"

如果你或多或少有上述感觉，那么它很有可能会阻碍你找到和利用新的内驱力来源。你需要制订策略来对抗这种自我怀疑。

然而，在关注这些之前，让我们更详细地了解一下"冒名顶替综合征"吧。

陷入自我怀疑的内循环

2011年的一份名为"冒名顶替现象"的报告估计,70%的美国人在某种程度上体验过"冒名顶替综合征"。基本上,怀有这种疑虑的人会觉得自己配不上所处的地位,只是侥幸取得了这种成就。有时,这种心理障碍会激发人们实现目标的动机,但这通常是有代价的,比如持续的焦虑。你可能会做过多的准备,或者比必要的更努力地工作,以确保没有人发现你在"假装"。

这可能会使你陷入一种"冒名顶替者循环",在这种循环中,成功会让你持续产生自我怀疑。

每次完成一件事,你就会更担心别人会发现你能力

（或缺乏能力）的"真相"。

可怕的是，把某件事做得很好的经历并不能改变这些人的信念。即使你成功完成了带球或者进行了一场精彩的演讲，你仍然会有一个挥之不去的想法："我凭什么待在这里？"你完成的事情越多，就越觉得自己是个骗子。

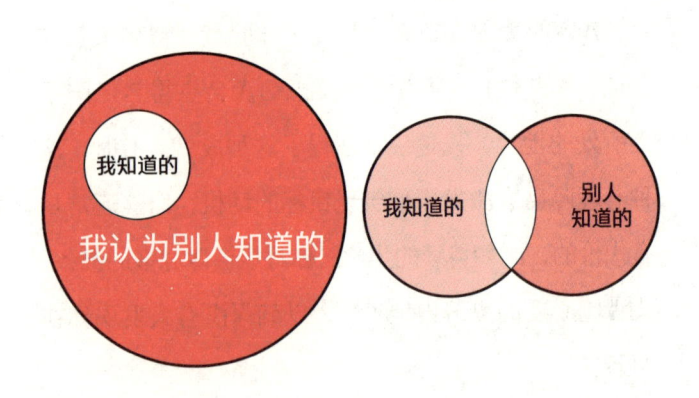

▲ 第二部分 ※ 重新出发，现在就是最好的时光

我知道的
我认为别人知道的

我知道的　别人知道的

> ◀ 取得成绩，要归功于你的努力、才能和投入

《成功女性的秘密思想：为什么有能力的人会患上冒名顶替综合征以及他们如何在这种情况下茁壮成长》（*The Secret Thoughts of Successful Women: Why Capable People Suffer from Impostor Syndrome and How to Thrive in Spite of It*）一书的作者瓦莱丽·杨（Valerie Young）博士数十年的研究表明，"冒名顶替者"的情感的核心来源是，他们对"胜任"的内涵有着不切实际和不可持续的高期望，杨博士提出了五种能力类型以及如何管理它们。你身上可能有这些能力类型的某种组合（兼具五种能力类型的其中几种），但你通常会有一个占主导地位的能力类型。正如杨博士所解释的："每一种能力类型都代表了一种关于什么是'胜任'的错误想法——你

的内在能力规则。"

我们详细分析一下这五种能力类型，以及你该如何管理它们。

完美主义者对能力的看法

完美主义者只关注某件事应该怎么做。他们相信这样一句话："我做每件事时都应该尽善尽美。我做的每一件事都必须成为典范，完美是我的终极目标。"

成为一个完美主义者的弊端是，你可能会经历强烈的焦虑、怀疑和担心，尤其是当你不能达到自己的终极目标时。对你而言，任何低于"最高分"的分数都意味着失败。这会使你避免尝试任何新的或困难的事情。当你接受新工作时，你总是相信自己可以做得更好。你倾向于盯着自己本可以做得更好的领域，而不是庆贺自己已经做得很好的事情。

杨博士说，要想克服这一切，你需要重新思考一下

现在对"胜任"的定义。具体地说,你需要通过理解以下几点来克服你的完美主义思维:

——完美主义阻碍成功。

——有时候,"足够好"就很好。

——不是每件事都值得做到100%。

——你的完美主义会影响到他人。

——不完美是可以接受的。

天才对能力的看法

杨博士指出,天才通常认为,智力和能力通常是与生俱来的。因此,他们认为取得成功应该是不费吹灰之力的。他们会这样想:"我做不了这个项目,因为我不够聪明。"因此,像完美主义者一样,天资聪颖的人把衡量自己成功的内在标准定得高得不可思议。

然而,与完美主义者不同的是,天才不会以完美的表现为标准来评判自己,而是基于自己完成某件事的容易程度和速度来评判的。正如杨博士所解释的："天才希望不用别人教导就有办法知道，希望不用努力就能取得成功，并且在第一次尝试时就把事情做好。"如果必须通过努力来掌握或理解某件事，那么他们通常会感到羞愧。当开始做一件事或启动一个新项目时，他们会发现事情比想象的更困难，因而会责怪自己。他们会认为自己没有足够的智力和能力，而不是试图找出新的解决方案。

杨博士说，为了转变这类人对能力的看法，他们需要用下面这些更现实的内在规则来替换错误的想法——一切都应该简单快捷：

——努力胜过能力。

——挑战往往是变相的机遇。

——真正的成功总是需要时间的。

专家对能力的看法

在专家看来，他们自己的知识和技能再多也不为过。专家会这样想："如果真的聪明的话，我就可以理解我正在读的书中的一章，或者一段10分钟的科学类博客视频，但我理解不了。"杨博士说，在专家看来，总是有更多的网络广播要观看，更多的书和博客要阅读，更多的资格认证要考取。

之后，他们认为自己已经掌握了一门学科。然而，这种感觉永远不够。作为专家，他们会不断地寻找新的信息和知识，但这阻碍了他们实现自己的目标。在接受新的挑战之前，他们需要感到很自如，从而去不断寻找新的事实。

然而，他们的问题是，在确定自己能够兑现承诺之前，他们不会接受任何新的挑战或制订任何新的目标。这就意味着，他们会把自己限制在那些可能带来巨大回报的机会里。

杨博士说，关键是专家要通过认识到以下几点来克服不健康的期望：

——获取专业知识的途径有很多。

——知识永无止境。

——能力意味着尊重自己的局限性。

——你不需要什么都知道,你只需要结识知道的人。

——即使不知道什么,你仍然可以表现出自信。

独奏者/个人主义者对能力的看法

如果认同独奏者的心态,你就会错误地认为,寻求帮助会暴露你的无能。你会这样想:"如果我真有能力的话,我什么都可以自己做。"

在独奏者看来,只有靠自己取得的成就才是真正重要的成就。他们认为,如果你以作为团队一员的方式取得了一些成就,那么这种成就会以某种方式被削弱。

因此,他们会"单干"——这种模式可能导致过度工作,进而损害他们的健康和人际关系。

留出足够的时间来完成一个目标、项目,或迎接一项挑战;找到那些能让你评估形势或进入下一个阶段的额外的信息；寻找比你有更多信息的人；接受与他人合作意味着你获得成功的机会增加了。

杨博士说，独奏者的关键在于用新的思维方式来思考什么是"称职"，具体如下：

——要完成工作，你需要确定所需的资源。

——有能力的人知道如何提出自己的需求。

——聪明人会寻找比自己懂得多的人。

——在寻求建议时，询问合适的人是很重要的。

——优秀的作品不一定要具有开创性。

——有能力的人明白，可以在其他有能力的人的工作基础上再接再厉。

超人对能力的看法

超人很容易被误认为是完美主义者。但除了追求完美的表现，超人还认为，能力的衡量标准是一个人能在多大程度上同时战胜一切。他们会这样想："如果我不能同时处理好目前生活中所有的问题，那么我一定不算有能力。"

超人通常在工作和家庭中的多重角色上表现出色，主要是因为他们对自己的要求太高。然而，这种超负荷的工作最终会导致倦怠，从而影响他们的身体健康、心理健康和与他人的关系。

这意味着他们需要重新调整自己的思维，接受这样一个事实：在生活的各个领域都要表现出色是不可能的，这只会导致失败。杨博士说，我们要明白，能力跟我们能处理多少事情无关。关键是我们要尽量少做。我们要意识到以下几点：

——我们可以说"不"。

——授权可以让我们得到自由，也能让别人有机会参与进来。

——放慢脚步，反思，然后专注于真正重要的活动。

——成为一名超人会给我们的儿女传递不健康的信息。

如果你想给自己最好的机会去发现和利用新的内驱力来源，那么你需要重新定义在你所面临的挑战和制订的目标中"称职"意味着什么。记住，运气确实在你目前所取得的成就中起到了一定的作用。（我们将在第十四章探讨运气的重要性。）但这并不意味着你是个骗子。

无论你取得了什么样的成功，都要归功于你的努力、才能和投入。是的，和所有人一样，你也需要"休息"。这对你有好处！这并不意味着你是个骗子。

关键是，要开始接受和拥抱你迄今为止在生活中所取得的成就。心存感激，并在成功的基础上再接再厉。

第六章 Chapter 06
从更实际的角度来思考幸福
——琐事

生活中没有什么比你思考时所想的更重要的了。

投资家、慈善家、世界第三大富豪沃伦·巴菲特（Warren Buffett）虽然拥有850亿美元的净资产，但却过着非常简朴的生活。

巴菲特是跨国公司伯克希尔·哈撒韦（Berkshire Hathaway）公司的董事长，年薪为10万美元，这一数字在25年里从未改变过。1958年，他以31500美元的价格在内布拉斯加州（Nebraska）的奥马哈（Omaha）买了一栋五居室的房子，此后一直住在那里。他以口味简单（麦当劳汉堡和樱桃可乐）和对现代科技的蔑视（没有手机或台式电脑）而闻名。

虽然他买得起豪华轿车，但他更喜欢自己已经开了6年的凯迪拉克（Cadillac）XTS轿车。说到娱乐，他更喜欢安静地打桥牌，而不是参加热闹的聚会。

1998年，巴菲特给佛罗里达大学商学院（University of Florida School of Business）的学生做了一次演讲。他设计了一个场景来说明为什么他们应该对自己的生活感到满意，而不是被骗到希望拥有"更好的"物质生活的陷阱中。

他让听众想象一个装着大约58亿个球的桶——世界上的每个人对应一个球。

他解释说，每个人所对应的球决定了许多重要因素，包括他们的父母、出生地、智商水平、性别、种族和技能①。

"如果允许你把手里的球（代表你当前的生活）放回桶里并且随机拿出100个球供你选择——你必须从100个球中挑选一个，那么你会选择把现在的球放回桶里吗？"他问道。

除了不知道你会拿到什么样的球以及它会把你抛进什么样的"新生活"，还有另一个问题。巴菲特解释说："在这100个球中，有5个代表美国人。所以，如果你想成为美国人，只有5个球可供你选择。其中，一半

---

① 这就是巴菲特所说的"娘胎彩票"。——译者注

代表女性，一半代表男性；一半代表智力低于平均水平，一半代表智力高于平均水平。"

他又问学生们："你们还想冒生命的第二次险吗？"

"你们大多数人都不想把球放回去，"他说，"所以，你们真正想说的是，我现在坐在这个房间里，是世界上最幸运的1%的人。"

在讲座结束时，巴菲特鼓励大家从更实际的角度来思考幸福。他认为，我们没有人可以重新来过，但我们可以通过改变职业、目标、财务、健康和人际关系来提升我们的整体幸福感。

"要做到这一点，你就要像玩游戏一样，做一些你一辈子都喜欢做的事情，"他说，"和你喜欢的人交往。我只和我喜欢的人一起工作。如果我能和一个让我反胃的家伙一起赚1亿美元，我会说不。"

他接着说："我敦促你从事自己喜欢的工作。如果你只是为了让简历好看一点而继续从事自己不喜欢的工作，那你接下来的生活一定很糟糕。"

有多少次你问过自己,如果你有不同的工作,或者住在不同的地方、有不同的房子、开不同的车,生活会有多美好?我承认,在短期内,这可能会让一些人更快乐,但你需要正确地看待一切。

有一个很好的类比可以帮助你做到这一点,那就是,想象你正在通过一个镜头来观察自己的生活。记住,不同类型的镜头会使事物看起来不同。

窄角镜头使物体看起来更近,你只能聚焦于其中的一小部分。广角镜头覆盖的范围更广,可以让你看到更多的东西。

试着用这种方式看待你的生活:不要把注意力集中在一些你认为会让你快乐的事情上,而是要用更长远的眼光看待你的生活。这样一来,你就会意识到,曾经对你的幸福如此重要的事情,与其他你可以投入精力去做的、能带来回报和满足的事情相比,已经变得无关紧要了。

找到并利用能够转化为成功的内驱力来源,就是透过"广角镜头"来看待生活。

克服聚焦错觉能避免你做出错误的决定

你可能会认为,拥有游艇、异国假日和豪华房产的千万富翁过得非常幸福。然而,事实并非如此。

美国心理学家、经济学家、作家丹尼尔·卡尼曼(Daniel Kahneman)是普林斯顿大学(Princeton University)一个研究小组的成员,该小组对金钱是否真的能让人更幸福进行了研究。他们发现,那些高收入的人比其他人更有可能声称他们对自己的生活很满意,但当他们对自己真正的幸福程度进行实时评估时,这种差异通常会消失。

这项研究题为《如果你更富有,你会更快乐吗?一种聚焦错觉》,发表在《科学》杂志上。该研究发现,人们误以为钱越多越快乐。他们描述了一种现象——"聚焦错觉",即一个人越是狭隘地关注自己生活的某个方面,其明显影响就越大。"当人们考虑到任何单一因素对自己幸福的影响时——不仅仅是收入——他们倾向于夸大这一因素的重要性。"他们写道。

因此,当被调查者被问及富人是否比不那么富裕的人更幸福时,他们倾向于把经济状况作为幸福的根源。也许是受等离子电视和海滨度假胜地的诱惑,他们过分强调了财富对一个人的幸福的影响。

这项研究表明:事实上,高收入对提高生活满意度几乎没什么作用,甚至可能导致更多的焦虑和压力产生。"在某些情况下,"作者解释说,"这种聚焦错觉可能会导致时间分配不当,从接受长时间的通勤到牺牲社交时间。"

事实上,在作者分析的一项全国性调查的结果中,年收入超过10万美元的人在工作和通勤上花费的时间比其他人多。

这或许有助于解释为什么那么多收入相对较高的人

表示他们对自己的生活总体上很满意，但实际上却没有他们所说的那么幸福。研究人员报告说："人们无法通过了解自己的身高或电话号码来判断自己对生活的满意度和幸福感。"

克服聚焦错觉是帮助你发现有意义的成功的关键。它能避免你做出错误的决定。当你比较汽车、职业和度假目的地等选项时，往往会特别关注生活的一个方面，而忽略了数百个其他因素。受聚焦错觉的影响，你赋予了这一方面过多的意义。瑞士商人罗尔夫·多贝利（Rolf Dobelli）在他的书《美好生活的艺术》（*The Art of The Good Life*）中描述了卡尼曼（Kahneman）与密歇根大学（University of Michigan）的心理学家诺伯特·施瓦茨（Norbert Schwartz）和徐静（Jing Xu）进行的另一项研究。

研究人员询问驾驶者，如果按 0 ~ 10 的分值范围打分，他们从自己的汽车中获得了多少分快乐。然后，研究人员将车主反馈的分值与汽车的货币价值进行比较。结果表明，越豪华的汽车，带给车主的快乐越多。例如，一辆宝马7系带来的快乐比一辆福特凯旋带来的快乐多50%。他们的结论是：当有人投入一大笔钱来买车时，至少他们的投资会以快乐的形式得到很好的回报。

但有一个有趣的转折。研究人员还会问："你上次开车旅行时有多开心？"然后，他们将驾驶者的回答与他们的汽车的价值进行了比较。令人惊讶的是，两者完全没有关联。无论他们开的是豪华轿车还是二手车，这辆车和他们在高速公路上的快乐程度之间都没有明显的联系。

第一个问题表明，汽车带给车主的快乐与汽车的货币价值之间存在明确的相关性。然而，第二个问题却完全没有显示出相关性——豪华汽车并没有让司机在路上更快乐。你看，第一个问题会让你只想着车，而第二个问题会让你想到开车时发生的其他事情，比如担心开会迟到、接到骚扰电话或遭遇堵车。这就是聚焦错觉的效果——当你想到车的时候，它会让你快乐，但当你开车的时候，它却不会让你快乐。抽象地想你买的车，你会感到快乐，但随着你实际用车的次数越来越多，这种想法就会消失在你的脑海里，对幸福感的影响也就越小。

少关注物质，多注重体验

想想你买的其他东西。如果你是一个房主，就回想一下你买房子时的情形。你最初的感觉——报价被接受、房屋交易完成和入住的喜悦感——逐渐减弱，被对房子的日常管理取代。例如，修缮屋顶、粉刷房间和整理花园都会产生不小的开支。你可能会发现，你所住的地方交通很不方便或邻居总是很吵闹。

就像你开车一样，当你真正审视和思考购买行为的时候，你就会失去快乐。

我们在购买科技产品、寻找度假房屋等方面也会有类似的体验。所有这些都会分散你的注意力，使你无法找到和利用内驱力的来源。当你的思想被物质消费消耗时，你怎么会把时间花在丰富和有益于生活的事情上呢？很多时候，我们会误以为这些东西会让我们快乐，但所有的证据都表明事实并非如此。

每个人都高估了物质购买对他们的幸福的影响，低估了体验对幸福的影响。我们并不完全欣赏这样的体验，比如看一部好电影、读一本好书、和家人一起出去吃饭，或者和你的狗一起散步。是的，有些体验需要钱，**但这些日常的、能创造良好感觉的活动是更好的投资，是你生活中内驱力和意义的来源。**

让我们回到沃伦·巴菲特的话题。他简朴的生活方式表明，他很早就明白，物质上的奢侈并不能增加幸福感。他建议大家不要奢望生活与众不同或者想要物质上的东西。相反，他建议大家去追求那些能给自己真正满足感和长期满足感的事情。

为了找到并利用能转化为成功的内驱力来源，你需要：当你发现更多关于"盲目的自我"的东西时，消除自己制造的无形障碍；确定你对"冒名顶替者"的认识,并开始从自己的生活中消除这种信念,接受你不是一个"冒名顶替者";用最宽广的视角来看待你的生活,少关注物质产品,多注重体验。

随着前进之路上的障碍物被移除和良好的基础得以确立,有许多迷人的方式可以用来发现和利用内驱力来源,这些内驱力来源可以带来有意义的和有价值的收获。

- 对新事物和新想法充满激情

- 将心态专注于如何实现自己的目标

- 当你积极主动,好的事情将会发生

- 下定决心,会激励你获得更大的机会

- 英雄帮助你走向更有价值的生活

- 团队的共同努力激发思考和合作

- 坚持不懈,帮助你实现目标

- 偶遇,会对你的生活产生重大的影响

- 做一些比生命更长久的事

一片树林里分出两条路——而我选择了人迹更少的一条,从此决定了我一生的道路。

——罗伯特·弗罗斯特

第三部分

Part Three

※▼

向新的可能性和机会敞开心扉,未来可期

To Open up New Opportunities and Possibilities of the Future

第七章 Chapter 07

对新事物和新想法充满激情

—— 目的性引导

没有目的的人,

就像没有舵的船。

有时候，你第一次见到某人时就会想："哇，多鼓舞人心啊！"之所以鼓舞人心，是因为他们在身体上和情感上所经历的事情和不得不面对的困难；之所以鼓舞人心，是因为他们对命运发给他们的"牌"豪无怨言；之所以鼓舞人心，是因为所有<u>这些</u>并不能阻止他们拥有远大的梦想、抱负和目标；之所以鼓舞人心，是因为他们把这些梦想和抱负都变成了现实。

让我向你介绍一位非凡的年轻女子，她的生活给了我很大的启发。她就是16岁的汉娜·皮尔斯（Hannah Pierce）。汉娜出生时患有脑性瘫痪，这是一种神经系统疾病，会影响运动、姿势、语言和协调能力。从4岁起，她要么坐在轮椅上，要么躺在改装过的床上。

我是被一个共同的朋友介绍给汉娜的，这个朋友认为我可以帮汉娜做一个数字项目——她正在做一份在线杂志。

▼ 第七章 ※ 对新事物和新想法充满激情 ——目的性引导

当她坐着电动轮椅来咖啡馆见我的那一刻，她的活力和积极性立即显现了出来。

汉娜是在线杂志Communitea的创始人，该杂志旨在帮助人们以不同的方式看待世界。它主要是由残疾人个体以及那些与他们一起工作和支持他们的人捐助的。

汉娜之所以创办在线杂志Communitea，是因为她从未在媒体上看到过自己的形象。

她的使命很简单且有力量：通过在线论坛和故事分享，创造一个让残疾人参与其中的空间，让他们永远不会感到孤独，可以互相支持。她希望通过精彩、引人入胜的内容，与围绕残疾人的污名化作斗争。她想让这个社区变得更大、更具包容性，拥有来自世界各地的参与者。她已经筹到了资金，网站已经上线了。

她热情地解释到，她希望Communitea能改变人们的生活，就像Communitea改变了她的生活一样。她接着说，这只是一个开始，她还有更雄心勃勃的计划。与汉娜共处过后，我相信她一定会实现这些梦想。在我们第一次见面时,她对确保残疾人获得平等待遇的热情打动了我。**发现你真正关心的新事物和新想法,并对其充满激情,是激发思维的一条途径。**当你发现这些东西时,要把它们作为你日常生活的中心。这样一来,你会感到精力充沛、充满动力和异常兴奋,这将会使你取得有意义的成功。汉娜完美地证明了这一点。

▼

第七章 ※ **对新事物和新想法充满激情**

——目的性引导

培养你的激情

不过，找到你感兴趣的东西并坚持下去并不像说起来那么简单。斯坦福大学的心理学教授卡罗尔·德韦克（Carol Dweck）曾在一次本科生研讨会上问道："你们当中有多少人还在等着发现自己的激情所在？"

《大西洋月刊》（*The Atlantic*）的特约撰稿人奥尔加·卡赞（Olga Khazan）曾就此采访过她，她说："几乎所有人都举手了，他们的眼睛里闪烁着梦幻般的憧憬。""他们谈论激情的时候，简直心潮澎湃、不能自已。"

有了激情就会有无穷的动力吗？他们郑重其事地点了点头。"我不想戳破你们的幻想，"德韦克告诉他们，

"可惜往往事与愿违。"德韦克研究的是一句经常被引用的"箴言":"追随你的激情。"不得不承认,过去我曾对他们说,**如果想要幸福和满足,他们就需要找到自己热爱的东西。**

但是,根据德韦克和其他人的研究,情况比这更复杂。

耶鲁大学(Yale University)的心理学助理教授保罗·奥基夫(Paul O'keefe)告诉卡赞,敦促人们找到他们的激情所在会导致问题的出现。"这会造成什么后果?"他问道,"这意味着,如果你做的事情感觉像是在工作,那就意味着你不喜欢它。"

他举了一个例子,一个学生从一个实验室换到另一个实验室,试图找到一个她感兴趣的研究课题。"我的看法是,如果我走进实验室时没有感到激情澎湃,那它就肯定不是我的激情或兴趣所在。"

奥基夫、德韦克以及斯坦福大学的心理学副教授格雷格·沃尔顿(Greg Walton)在奥基夫的网站"心态与动机实验室"（Mindset and Motivation Lab）上发表了一项研究报告。他们的报告——《兴趣的内隐性理论：找到你的激情还是培养激情？》（*Implicit Theories of Interest: Finding Your Passion or Developing It?*）表明，**激情不仅是被偶然发现的，更是可以培养的。**

他们解释说，有两种心态可以决定你的职业生涯：一种是"兴趣固定论"，认为主要兴趣从一出生就存在，只是等待被发现；另一种是"兴趣培养论"，认为兴趣是任何人都可以随着时间的推移而培养起来的。

研究人员对大学生进行了一系列的研究，这一群体经常被建议以职业道路的形式寻找自己的激情所在。这些研究表明：那些持"兴趣固定论"的学生可能会放弃去听有趣的讲座或寻找有前途的机会，因为他们一向认为自己感兴趣的东西不一致；那些持"兴趣培养论"的人对新思想和新机会的态度会更加开放。

拥有固定理论思维的另一个缺点是，它会导致人们太容易放弃。如果某件事变得困难起来，人们很容易会认为它根本就不是自己的激情所在。其中一些研究表明，有固定理论思维的学生也不太可能认为追随自己的激情有时会很困难。他们认为激情本应提供"无穷的动力"。

所以，一方面，如果你还没有找到自己的激情所在，请不用担心；另一方面，如果你已经偶然发现了它，并且认为自己只需要进一步培养它，那么我认为你需要以一种和找到自己激情不同的方式来处理它。

第七章 ※ 对新事物和新想法充满激情
—— 目的性引导

从目的开始，激情将随之而来

人们通常认为目的和激情大致相同。事实上，它们完全不同。

目的是原因，是生活中驱动我们的"为什么"的问题。（"我为自己和他人的生活做出了什么贡献？"）激情是关于情感的，是那些鼓舞你、激励你，让你感觉良好的东西。（"做你喜欢的事！"）目的往往是聚焦于外的，因为它通常不仅对自己有影响，对他人也有影响。

对某件事充满激情往往是聚焦于内的，能让你在短期内感到兴奋和有动力。

对某件事的激情总是来去匆匆，而目的往往更长远、更专注。当你找到一种方法能使目的和激情相一致时，你就能获得有意义和有回报的成功。

让我们回到德韦克在本科生研讨会上提出的问题："你们中有多少人在等待找到自己的激情上？我很想问，"你们当中有多少人还在等着发现自己的激情所在？"在我的上一本书《积极思维：如何创造一个充满可能性的世界》（*Positive Thinking: How to Create a World Full of Possibilities*）中，我用了整整一章来阐述"目的"，以及为什么确定你的目的如此重要。

你的目的为你提供了稳定的基础和方向感，两者都是积极人生观的组成部分。目的可以指导人生决策、影响行为、塑造目标和创造意义。然而，发现你的目标远不止是将它与你的热情（你喜欢做的事情）结合起来，还需要将它与你的使命（你擅长的事情）、你的职业（为你赚取收入）以及你的优势（你所做的对你来说似乎是很自然的事情）结合起来。

回到年轻的汉娜·皮尔斯身上，她完美地体现了寻找并带着强烈的目的而生活的理念。

汉娜的目的是，通过可见度、论坛和故事分享，创造一个可以让残疾人参与其中、相互支持、永远不会感到孤独的空间。她达到这一目的的方法之一就是Communitea。

她对自己的在线杂志充满热情，希望它能像改变自己一样改变人们的生活。汉娜因为这份杂志获得了资助和赞助，现在这是她的职业。她和一位网页设计师合作创建并管理着Communitea，和其他人在上面撰写和发表文章。这是她的使命。为了实现这一切并克服每天面临的挑战，她大部分时间都在发挥自己的优势。她所取得的成就对她来说似乎很有意义，因为这不仅帮助了她自己，也帮助了无数残疾人。

这就是为什么汉娜在她的生活中找到了真实的、有意义的目的。从汉娜的经历中，找出能启发你回答"为什么"这一问题的想法和来源——你想要达到的目的。这将有助于激励你认清自己的使命、职业、优势和激情所在，也将最终引导你获得有意义的成功——这正是汉娜所获得的。

热爱与才能
相结合的产物

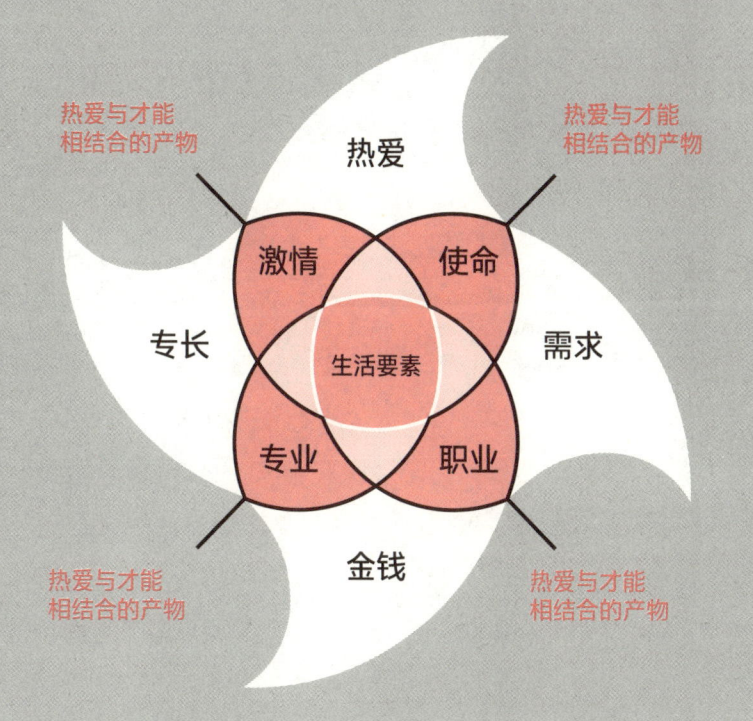

热爱与才能
相结合的产物

热爱

激情　使命

专长　生活要素　需求

专业　职业

金钱

热爱与才能
相结合的产物

热爱与才能
相结合的产物

第八章 Chapter.08

将心态专注于如何实现自己的目标

——保持年轻

我们不会因为变老

而停止比赛；

我们变老却是因为

停止比赛。

在《积极思维：如何创造一个充满可能性的世界》一书中，我分享了一个关于我的好朋友史蒂夫（Steve）和琳达·达格利什（Lynda Dalgleish）的故事。大约六年前，史蒂夫和他的妻子琳达去地中海航海度假。他们都喜欢这段经历，但对史蒂夫来说，这是一个梦想的催化剂——有一天他们会买一艘双体船去环球航行。

最初，由于以下几个原因，他的梦想实现起来很困难：第一个也是最明显的原因是，史蒂夫不知道如何航行；第二个原因是，他们没有财力购买双体船；第三个原因是，史蒂夫最近被诊断出患有心脏病，需要定期检查；第四个原因是，琳达并没有和她丈夫一样的梦想！不过，他们最终找到了扫清这四个障碍的办法，并于2019年3月，也就是他们都退休的六个月后离开英国，启航横渡地中海。我在2019年12月写这篇文章时，他们已经行经西班牙、意大利、希腊和直布罗陀的部分地区，现在已经抵达加勒比海。

我发现他们所做的事情难以置信地令人深受鼓舞，因为他们把梦想变成了现实。我认为，大多数到了退休年龄的人都会倾向于选择一种"更安全"的生活方式，而不太会做冒险的事情。但是，正如史蒂夫和琳达完美地证明的那样，也有例外。

在《泰晤士报》（*The Times*）的一篇文章《我们的冒险精神永存》（*Our Spirit of Adventure Life Forever*）中，记者利比·珀夫斯（Libby Purves）写到了一个名叫托尼·柯菲（Tony Curphey）的非凡人物。这位74岁的卡车司机在完成单人不间断环球航海后，刚刚乘坐他的32英尺长的船"尼古拉·德乌克斯"（Nicola Deux）号返回英国。在参加这场始于2018年6月的"金球奖环球帆船比赛"的选手中，他是年龄最大的。他在308天里航行了30000英里[1]，喝着雨水——有时一天只喝四杯水，什么都不吃——同时还挺过了猛烈的风暴和50英

---

[1] 1英里=1.6093千米。——译者注

尺高的海浪。

在独自出海的10个月里，柯菲绕过南非危险的好望角，绕过澳大利亚和新西兰，横渡亚速尔群岛，然后回到了他在汉普郡（Hampshire）埃姆斯沃斯（Emsworth）的家。

延续了50年的经典的"金球奖环球帆船比赛"在2018年复兴。这一年，20艘帆船参加了比赛，无畏的柯菲的帆船号是唯一完成比赛的来自英国的帆船，也是最小、预算最低的帆船。记者珀夫斯总结到，年轻的冒险家鼓舞了我们的精神，独自长途航行的七旬老人有一些特别鼓舞人心的地方。柯菲选择了艰难的航路，他航行在危险的南大洋上，那里的水域和风暴都很可怕，即使是更大的船和更强壮的船员也有可能失事。

我在很多方面都受到柯菲、史蒂夫和琳达冒险经历的启发。他们在尝试不同的东西；他们在冒险，也承担失败；他们的心态专注于如何实现自己的目标；他们积极乐观。

我突然想到了另外一件事。我认为，他们在内心里觉得自己比生理年龄小。我问了史蒂夫这个问题："你觉得自己多大了？a、比实际年龄大；b、和实际年龄差不多；c、比实际年龄小。"

他回答道："我是60岁的身体，但有青少年的心态！"这对每个觉得自己比实际年龄小的人来说都是个好消息：越来越多的证据表明，这种年轻的感觉可能真的会让人得到回报、大有作为。

你觉得自己有多年轻,就有多年轻

2015年,伦敦大学学院(University College London)的两位研究人员发表的一项研究表明,与觉得自己与实际年龄相符或者感觉自己比实际年龄大一岁以上的老年人相比,那些感觉自己比实际年龄小三岁或三岁以上的老年人的死亡率明显较低。

研究人员询问了6500名52岁以上的男性和女性这个问题:"你觉得自己多大了?"答复情况如下:

约70%的人觉得自己比实际年龄小三岁或三岁以上;

约25%的人觉得自己接近实际年龄;

约5%的人觉得自己比实际年龄大一岁以上。

接下来是真正有趣的部分。在最初的研究进行了 8 年之后,研究人员发现以下这些参与者仍然在世:

75% 觉得自己比实际年龄大的人(25%的人已经去世);
82% 觉得自己接近实际年龄的人(18%的人已经去世);
86% 觉得自己比实际年龄小的人(14%的人已经去世)。

弗吉尼亚大学(University of Virginia)的另一项研究也支持上述研究。该研究表明,人们一旦超过了25岁这一关键年龄,通常会将自己的主观年龄评为比实际年龄更小的年龄;随着年龄的增长,这种差异会越来越大。每过10年,人们往往会认为自己只老了五六岁。事实证明,这种现象可能具有相当重要的意义。关于这一领域的最新研究表明,人们认为自己比实际年龄年轻的程度与一系列积极的健康结果密切相关。主观年龄较小的人患糖尿病、高血压、抑郁症、认知障碍和痴呆症的可能性较小。另外,他们的睡眠质量更好,记忆力也更强。

那么，你感觉自己比实际年龄年轻多少？你又是如何看待这件事的？这是重要的问题，因为如果你在这个问题上做出了改变，它将引导你发现新的内驱力来源，进而转化为有意义和有回报的成功。

第八章 ※ **将心态专注于如何实现自己的目标** —— 保持年轻

你越年轻,越有活力,就会越有动力

下面有一些建议,可以让你感觉自己比实际年龄年轻,其结果甚至会改变你的人生。你不必全部付诸行动,只要选择那些对你有吸引力的即可。

呼吸一些新鲜空气

英国东安格利亚大学(University of East Anglia)的研究人员正在寻找一种简单有效的方法来督促人们锻炼身体。事实证明,仅仅告诉人们锻炼对他们有好处并不能起到很好的效果。他们分析了来自14个国家的42项相关研究,发现参加步行组的人与他们开始集体步行前相比,血压、静息心率、体脂、胆固醇,甚至抑郁的得分水平都显著降低了。他们也会有更好的肺活量（健康状况良好的指标），并能够走得更远。所以，你不需要跑马拉松或在跑步机上锻炼（尽管这些都是好事）。你可以和好朋友到邻近的公园里、树林里或海滩上去散散步。

接受生活的本来面目

哈佛大学的研究人员发现，抗挫折能力强一点，对生活中的挑战和困难有适应力，能让你感觉自己更年轻。所有的证据都表明，适应力能让你感觉更年轻，也能让你更有活力、更有动力、更有好奇心、更愿意接受新的体验。

唱歌

你可能认为自己五音不全，但美国的研究人员发现，唱歌的效果太好了，以至于你会停不下来。他们不知道为什么唱歌能让人保持年轻，也许是因为唱歌能让人呼吸更顺畅，或者仅仅因为加入合唱团能让人感觉到团结友善。唱歌也有助于抑郁症患者减少孤独感，让他们感到轻松、快乐，与他人建立联结。在网上快速搜索一下你所属地区的合唱团，然后加入他们吧。

养一只狗

狗会给人无条件的爱，我们很难不爱它们。花时间和一只喜欢你并想和你一起玩的狗可以改善你的情绪。研究表明，遛狗这种简单的行为会提升你的健康水平，增加你的社交活动，增强你的幸福感。所有这些因素都会让你感觉更年轻、思想更活跃。

学习一门外语

如果你一辈子都在梦想成为双语者，那么是时候学习一门外语了。2013年发表在《神经病学》(*Neurology*)杂志上的一项研究表明，会说两门语言的人比只会说一门语言的人患痴呆症的时间平均晚4年半。专家说，越早学习越好，但学习永远不嫌晚。

上床睡觉

如果你想感觉更年轻，就不要过度消耗精力。睡眠对你的身体和大脑功能至关重要。与普遍的看法相反，睡眠专家发现，你不需要随着年龄的增长而减少睡眠。显然，你总是需要尽可能多的睡眠，尤其是如果你想感觉更年轻的话。专家的建议是，尽量保证每天8小时的睡眠。

我希望这些想法能让你明白，你不是非得环游世界才能感到年轻。了解一些研究，按照其中适合自己的见解行事，你会觉得自己更有活力、更健康、更有内驱力。你越年轻，越有活力，就会越有动力。这也会让你更加积极主动，其好处不可小觑。

第九章 Chapter 09
当你积极主动,好的事情将会发生
—— 变得更积极

开始做一件事的方法是,

停止空谈,

付诸行动。

40岁的时候，我想我应该划掉遗愿清单上的一个项目：试着跑一场马拉松。

我满怀热情地开始训练，最初只跑几英里，后来跑到3英里，最后跑到6英里。这时我开始意识到，跑马拉松比我想象的要困难得多。所以，我从史蒂芬·柯维（Stephen Covey）的《高效能人士的七个习惯》（*The Seven Habits of Effective People*）中得出结论，我会"以终为始"。

一天早上，我从家驱车出发开出了26.4英里（全程马拉松的距离）。我吃惊地看到，这个距离非常远。我开车路过我在爱丁堡（Edinburgh）的办公室时——有时开车去公司要花一个多小时——还没走完全程。

因此，在认识到自己永远不可能跑完马拉松后，我放弃了。

那次失败的14年后,我在新闻上惊讶地看到一位来自英格兰西南部多塞特(Dorset)的前银行家尼克·巴特(Nick Butter)的非凡成就。他成了世界上第一个在所有国家跑完全程马拉松的人。而且令人难以置信的是,他是一场接一场地连续跑。

我勉强可以跑完6英里。巴特历时675天,在196个国家完成了马拉松比赛,为英国前列腺癌慈善机构筹集资金。

2018年1月,他辞掉工作,踏上了长达5130英里的旅程。他走了510万步,燃烧了150万卡路里。他坐过201次飞机、45次火车、15辆公共汽车和280辆出租车,在每两次马拉松比赛的间隔要跋涉13500英里。在此期间,他被一辆汽车撞断了胳膊肘;在尼日利亚被枪击;在突尼斯被野狗袭击;在叙利亚穿越了战场。他从多伦多出发,行程所途经的最后几个国家是也门、叙利亚、葡萄牙、佛得角、以色列和希腊。

巴特在他的朋友凯文(Kevin,患有癌症)的启发下开始了这次个人探险。在一次电视采访中,巴特说:"我真不敢相信那个看起来总是非常快乐、充满活力的家伙,竟然告诉我他是癌症晚期。当凯文告诉我'不要等诊断结果出来'时,我很震惊,他的话真的引起了我的共鸣,我只知道我必须为慈善机构筹款。凯文那天改变了我的生活轨迹,在接下来的几个月里,我辞掉了银行的工作,永远地把西装换成了运动短裤。"然后,他说了一句对我影响很大的话:"人的平均寿命是29747天,如果你是英国人,你大约要花9年的时间看电视。所以,有趣的是,这些数据能让人们思考,如果没有做自己真正热爱的事情,我们会浪费多少时间。"

对我来说,这句话是关于主动性的。积极主动的表现是,在问题生根之前消除它们,在问题出现时抓住正确的可能性。如果你积极主动,你就能主动让好的事情发生,而不是让坏的事情降临。在接下来的几页中,有一些想法可以让你变得更加主动。

无论何时，你都要抓住鼓舞人心的想法

大脑是一个有趣的器官。如果你试图强迫它想出解决问题的办法，它不一定会配合。大脑自己决定什么时候给你内驱力。可能是在去上班的公交车上，在健身房里，在遛狗时，或者在半夜。

无论什么时候，你都需要准备好去"抓住"那个鼓舞人心的想法。

如果你正在为自己的下一个项目或商业机会寻找内驱力，那么请养成带笔记本和笔的习惯。如果你觉得这种做法太老套，也可以从现有的众多数字笔记本应用中下载一款软件。当你的大脑毫无预兆地做出决定时，比如说"嘿，你刚读过的那篇报纸文章可以成为你正在写的书的下一章的素材"，或者"嘿，也许刚看过的TED演讲所列举的主要事例可以用于你正在努力完成的演讲"，你要准备好记下这些想法。企业家理查德·布兰森（Richard Branson）有一个习惯：无论走到哪里，他都带着笔记本；贝多芬（Beethoven）总是随身带着乐谱本，这样他就可以随时记下一些音乐主题；音乐家阿瑟·罗素（Arthur Russell）喜欢穿前面有两个口袋的衬衫，这样他就可以把零碎的乐谱纸塞满口袋。

希腊传奇航运大亨亚里士多德·奥纳西斯（Aristotle Onassis）给出了这样的建议："随身携带笔记本。把想到的所有东西都写下来。当你有一个想法时，把它写下来。写下来会让你付诸行动。如果不写下来，你会忘记的。"

养成这种"嗜好"：总是随时写下自己的想法、见解和创意，无论你身在何处，都可以把这个笔记本看作一个承载大脑中各种想法的载体。只要大脑告诉你一个鼓舞人心的想法，就把它写下来吧。

积极主动一点，你会惊奇地发现，最终会拥有很多完整的"笔记本"。

旅行可以激发创造力

来自各个领域的创意天才似乎都非常清楚，旅行对于他们的工作是多么不可或缺，可以通过激发和改变思维来提升创造力。旅行激发了人们的内驱力，使发现决定了人们的生活和职业。对大多数人来说，**创造力和内驱力来自令人兴奋的新经历。**但是，当一天中最令你兴奋的事情是通勤的过程或者在办公室的饮水机旁闲聊时，你就限制了自己的思维扩展和获取内驱力的能力。

我认为，旅行是寻找内驱力的最好的方法之一。长期以来，作家和思想家都感受到了国际旅行带来的创造性好处。欧内斯特·海明威（Ernest Hemingway）的作品深受他在法国、西班牙、非洲和古巴的经历的影响；马克·吐温（Mark Twain）在地中海之旅中的记录被他写进了幽默游记《在国外的无辜者》（*Innocents Abroad*）中；保罗·索鲁（Paul Theroux）在海外旅行中开启了自己的文学生涯；哲学家阿兰·德波顿（Alain De Botton）的《旅行的艺术》（*The Art of Travel*）一书的内驱力来源于……是的，你猜到了。

这些作者所接触的新的和不同的文化，使他们以及其他许多人创作出了最好的作品。

人们认为，**离开熟悉的环境和熟悉的生活去旅行可以激发突破性思维。**20世纪40年代的一个午夜，在一辆缓慢驶过堪萨斯州（Kansas）的麦田的长途汽车上，普林斯顿大学的物理研究员弗里曼·戴森（Freeman Dyson）破解了量子电动力学的一个难题——辐射和原子如何相互作用的理论。其他人多年来一直试图解决这个问题。

旅行有助于拓展你的思维。你可以品尝当地的美食，参观著名的地标建筑，结交新朋友，或者只是去海滩散步、穿过森林或爬山。你在度假的时候，与其整个星期都躺在游泳池边，不如至少花一天时间去一些陌生的地方。如果你正在参加会议或研讨会，那么计划好自己的行程，至少要留出半天的时间去观光。

仅仅是在不同的地方待上几天，也可以激发你的创造力，有助于提供新的视角，以解决问题。

你并不需要到罗马、曼谷或纽约去，任何一个陌生的地方都可以带给你内驱力。我想，在离你家不到一小时的地方，会有一些你从来没有去过的村庄、城镇或景点。那么，开上车、骑上自行车或者坐上公共汽车，去那里观光吧。

仅仅是旅行本身，就可以强力激发你的内驱力——让你吃惊。

> **在一个特定的空间可以变得全神贯注**

你参与的事情越多,就越有可能碰上那个能带给你具有启发性的想法、见解或创意的人或地方——也有可能是一本书、一幅画或一首大提琴独奏曲。

以华特·迪士尼(Walt Disney)为例。他是一位极具创造力的企业家、动画师、配音演员和电影制片人。他获得了22项奥斯卡奖,并因为制作了我们至今都喜欢的标志性漫画和动画片而获得59次提名。

迪士尼拍的电影越多,就越有创造力。越有创造力,他就越成功。他也经历过一些重大的失败,但每次失败后他都能吸取教训并再次尝试。所以,他做了很多事情,其中一些虽然以失败告终,但大多数事情都使他获得了非凡的成功。他的成功包括制作了100部出色的电影、迪士尼电视节目和频道,以及具有特定主题的游乐园、迪士尼乐园和迪士尼世界。他做得越多,就越有内驱力去开启新的项目。

美国著名作家马克·吐温写了几十篇小说、散文和文章,其中最著名的作品是《汤姆·索亚历险记》(*The Adventures of Tom Sawyer*,1876年)及其续集《哈克贝利·费恩历险记》(*The Adventures of Huckleberry Finn*,1884年)。

提到"只管做",吐温这样说道:"取得成功的秘诀是开始行动。开始行动的秘诀是将复杂的压倒一切的任务分解成小的管理任务,然后从第一个任务开始。一旦付诸行动,而不是不断拖延,你就会发现内驱力就在你身边。"

作家和艺术家发现,新的和不同的环境经常会为他们的下一本书或绘画带来内驱力,这不是巧合。

同样,公司会在办公室之外组织"团队日",通常是在酒店或不同寻常的场所。事实上，**员工远离无聊的日常工作和工作场所的琐事，有助于他们提出新的想法、解决方案和策略。**

J. K. 罗琳（J. K. Rowling）撰写《哈利·波特与魔法石》(*Harry Potter and the Philosopher's Stone*)的大部分篇章时是在爱丁堡的大象屋咖啡馆（The Elephant House Café），而不是在她的公寓里。ABBA 乐队的本尼（Benny）和比约恩（Bjorn）会在山腰小屋里待上几个星期创作新歌。伦敦的艾比路录音室（Abbey Road Studio）似乎能激发使用它的音乐家创造出最好的作品，如披头士乐队（Beatles）。还有一系列多样化的、富有创造力的乐队或歌手，如绿洲乐队（Oasis）、艾拉·菲茨杰拉德（Ella Fitzgerald）、杜兰杜兰乐队（Duran Duran）、艾米·怀恩豪斯（Amy Winehouse）、艾德·希兰（Ed Sheeran）、电台司令（Radiohead）、埃尔维斯·科斯特洛（Elvis Costello）和奈杰尔·肯尼迪（Nigel Kennedy），也在那里创作了他们最优秀的作品。

在一个特定的空间可以让你脱离外界的干扰，变得全神贯注、沉浸其中，促进你的创造性思维。

找到合适的工作环境来鼓励创造力是很重要的。找到合适的环境，你就会创造出一种氛围，这种氛围能激励你在任何想要实现的事情上更具创造性。当我提到"创造性"的时候，我指的是它广泛的定义。它指的是你在获取一个新想法、面对一个新机遇或迎接一项新挑战时的创造力。

如果工作的地方能让你感到愉悦和满意，你就更有可能找到内驱力去创作伟大的作品。能激发创造性的环境不一定是宏伟的、豪华的或具有异国情调的——重要的是气氛和氛围。

有勇气追随自己的内心和直觉

当突然受到一个想法或创意的启发时，你总是顺着自己的直觉行事。这是一种古老的观念，即"凭直觉行事""追随你的直觉"或"灵光一闪"。无论你称之为什么，都要看清它的本来面目——这是一种非常强大的工具。相信你的直觉，倾听它在告诉（或提醒）你什么。即使是有史以来最有逻辑的思想家，他们的最大发现也是基于一闪而过的直觉的。想想艾萨克·牛顿爵士（Sir Isaac Newton）和落在他头上的苹果，或者古希腊数学家阿基米德（Archimedes）在他的浴缸里高喊"我找到了"吧。记住爱因斯坦说过的话："唯一真正有价值的东西是直觉。"

第九章 ※ 当你积极主动，好的事情将会发生 —— 变得更积极当你在考虑是否按照一个鼓舞人心的想法行动时，你真的需要相信内心已经存在的和可用的东西：自己天生的导航设备，内在的GPS系统——你的直觉。

这样做通常没错。史蒂夫·乔布斯有句名言："不要让别人的意见淹没了你内心的声音。"最重要的是，要有勇气追随自己的内心和直觉。记住，你身边总有新的内驱力来源。你只需要准备好，积极寻找它们。

第十章 Chapter 10

下定决心，会激励你获得更大的机会

—— 成为一个有决心的人

在举步维艰时

还能继续前行的人，

就是会赢的人。

有时读到一篇文章或听到一场访谈，你真的会为别人的成就所鼓舞。今天早上我就是这样。

在英国广播公司的新闻报道中，我满怀敬畏地了解到，李·斯宾塞（Lee Spencer）乘坐划艇在短短60天内完成了从欧洲大陆到南美洲的横渡大西洋之旅。斯宾塞的成就之所以如此引人注目，是因为他是第一个独自划过大西洋的单腿截肢者。他以一个多月的时间的成绩打破了斯坦因·霍夫（Stein Hoff）在2002年创造的健全人的纪录，获得了两项新的世界纪录。

斯宾塞花了60天16小时6分钟从葡萄牙划船到法属圭亚那，并于2019年3月11日登陆法属圭亚那。他在无人支持的情况下划过了惊人的3500英里。

他遭遇过各种困难：高达40英尺的海浪、4头15米长的抹香鲸在他的船下面游动、被一条大鲨鱼追赶、一次肠胃炎和各种技术问题。他一次只睡两小时，同时还要与海上的日常生活和作为截肢者的挑战作斗争。

斯宾塞曾是英国皇家海军陆战队队员，在军队中服役24年。2014年，他在帮助一名在英格兰东南部M3高速公路上撞车的司机时，被飞来的汽车碎片击中，失去了右腿。

在接受英国广播公司采访时，当被问及为什么要给自己设置横渡大西洋的挑战时，他解释到，他想证明"没有人应该被残疾定义"。

他在接受英国广播公司第四广播电台《今天》（Today）节目采访时表示，自己"睡眠不足"，但他补充说，"我在英国皇家海军陆战队服役24年，已经习惯了艰苦的生活"。

他说，用仅剩的一条腿在一艘不稳定的小船上移动"相当困难"，但这正是关键所在。"作为一个残疾人，如果我能打破一项纪录，由健全人创造的一项纪录……这就是我想做这件事的原因。为了证明没有人应该被残疾定义。"

斯宾塞鼓舞人心的故事涉及很多方面，包括承诺、毅力和勇气，但最重要的是，它是一个关于决心的故事。

第十章 ※ **下定决心，会激励你获得更大的机会**

—— 成为一个有决心的人

用决心去接受新的可能性和机会

如果你有一个主要的目标,如创办自己的企业、接受体能方面的挑战或者学习一门新的语言,但没有足够的决心,你永远也无法达到目标!决心之于成功,犹如氧气之于生命。这是一个必要条件。

通过了解有决心的人的行为和特点,你可以学会如何利用决心去接受新的可能性和机会并取得成功。例如,当你在为马拉松比赛训练时,风吹打在脸上,大雨滂沱,但如果你仍然坚持完成自己的计划,那么这种决心将激励和帮助你下次的训练。

所有取得过重大成就的人,都是靠自己的决心获得的。**好消息是,不管你迄今为止表现出了多大的勇气和**

多强的信念，仍然可以提升自己的决心。

让我们看看我认为"有决心的人"的九种主要习惯吧。

有决心的人不会放弃自己的目标，不管情况有多艰难

他们懂得如何驾驭自己的决心，并且不会轻言放弃。关于为什么必须实现自己的目标以及失败的后果是什么，他们有清醒的认识。后果越严重，他们的决心就越强烈。

有决心的人不会让失败阻止自己

他们知道一开始可能会失败，而且会经常失败，但最终会成功。对他们来说，失败可以强化适应力。他们明白，失败的次数越多，他们的适应力就越强，这样一来，他们会变得更加坚定。他们承认，在失败后重新振作起来需要勇气和自信，正是这样的决心和适应力让他

们不断在尝试中前进。

有决心的人不会让失败的恐惧阻止他们

他们知道，失败能教会人珍惜成功。当他们经历失败从而迎来成功的时候，他们不会认为这是理所当然的。当他们回想起那段诸事不顺的黑暗时，他们会理所当然地认为自己真正地赢得了成功。

有决心的人知道失败是一位伟大的老师

他们明白，在遭遇失败时获得的经验和知识可以在将来加以利用，帮助他们获得长期的成功。只要他们能找出失败的原因，失败就可以成为一位出色的老师，提醒他们不再犯同样的错误。

有决心的人不会被他们不知道的东西阻止

他们愿意问很多问题，哪怕"跌倒"好几次，直到实现自己的目标。研究一下世界上最伟大的创新者、企业家、探险家、工程师、科学家、医生和艺术家的人生，你会发现好奇心是他们获取成功的关键因素之一。有决心的人会不断地问问题。

有决心的人不怕被拒绝

最伟大的企业家、高管和销售人员不会让"拒绝"阻止他们。他们知道，要想不被拒绝，唯一的方法是继续前进。

他们必须成功的理由比他们对不成功的恐惧更重要。

有决心的人不会冲动

他们很有耐心——愿意等待合适的可能性或机会出现。他们愿意等待时机，接受现在对他们来说可能并不合适的时机。但他们知道，总有一天，一种新的可能性或机会会出现在面前，他们耐心地等待那一天的到来。

有决心的人是灵活的和足智多谋的

撞上南墙也不知道回头,这不是决心,而是愚蠢。有决心的人会不断尝试新事物,不断改变自己的方法,直至取得他们想要的结果。表现出决心的人就像一棵棕榈树:它在刮风的时候会弯腰,但最终总能恢复原状。固执的人(他们认为自己是坚定的,但实际上不是)往往会以失败和崩溃告终。

有决心的人工作努力、足够聪明

他们明白,如果没有强烈的职业道德,他们就无法实现任何大大小小的目标。他们不仅知道要努力,而且知道要在什么方向上努力。这些都表明,不仅要努力工作,还要聪明地工作。

从别人的成就(比如,横渡大西洋的划艇运动员李·斯宾塞的成就)中获取内驱力,可以让你认识到在取得有意义的成功时决心的重要性。它可以激励你接受新的、现实的、可实现的机会。为了使自己做到这一点，你需要养成上述九种习惯。

当你下定决心做某件事并且真的做成后，你会发现，它会激励你去接受更大的、更有意义的、回报越来越高的机会和目标。

即使决心是取得有意义的成功的一个关键因素，但没有其他方面的帮助，你也无法取得成功。这将体现在你选择谁作为你的榜样，以及你的朋友中谁能最好地支持你。

第十一章 Chapter 11

英雄帮助你走向更有价值的生活

——找到自己的英雄

英雄升华了我们的情感,鼓励我们把自己变得更好。

我想把我心目中的一位英雄介绍给你。他是位于中非国家卢旺达（Rwanda）的农业综合企业 Ikirezi Natural Products 的首席执行官尼古拉斯·希蒂马纳（Nicholas Hitimana）。我认识尼古拉斯很多年了，我相信，他作为一个企业家所取得的成就已经超过了硅谷所有伟大的成功案例。

尽管困难重重，尼古拉斯还是坚持自己的信念，这个信念有可能给曾受种族大屠杀影响的许多卢旺达人的生活带来巨大的、积极的改变。

他从小就持有这个信念，这个信念基于一个简单的原则。正如他曾经对我说的："我相信，如果我创造一个能让人们脱贫的合适环境，他们就有潜力自己脱贫。"

这是他的核心信念，这一信念驱使他实现了真正的、可持续的、成功的创业，并从根本上改变了许多人的生活。

1994年4月，种族大屠杀开始时，尼古拉斯正在卢旺达为世界银行的一个农业项目工作。在100天的时间里，大约有80万卢旺达人被残忍地杀害。尼古拉斯带着他的妻子和小儿子逃走了，并于1995年5月来到了爱丁堡。随后，他在爱丁堡大学攻读农村发展硕士课程，并于1996年完成学业。由于无法立即返回卢旺达，校方和他的朋友鼓励他继续攻读博士研究课程，他又成功地完成了这一学业。下面是他接下来所做的事情。

2001年，尼古拉斯和妻子埃尔西（Elsie）没有在西方国家寻找高薪工作，而是返回卢旺达。他们开始寻找新的方法来创造有意义的就业，主要是针对种族大屠杀中幸存的寡妇和孤儿。尼古拉斯以其农业方面的专业性和远见与卢旺达政府接触，探索用南非天竺葵种子生产精油的可能性。

因此，尼古拉斯在2006年成立了Ikirezi Natural Products，这是一家关注社区利益的公司，生产高品质的精油，销往卢旺达和国际市场。他把公司的利润捐给由工人经营的一系列合作社，用于资助住房和教育项目。

"ikirezi"这个词取自卢旺达的一句古老的谚语，意思是"一颗珍贵的珍珠"。尼古拉斯认为，在Ikirezi Natural Products工作的每个人都是具有先天价值的独一无二的人。今天，有350多名寡妇和贫困的农民为该组织工作。

Ikirezi Natural Products不仅仅是雇佣员工并给他们一份收入，尼古拉斯认为在那里工作的人都是"珍贵的珍珠"。无论他们经历了什么，他都希望Ikirezi Natural Products能创造一个合适的环境，能够抚平员工的心理创伤，帮助他们摆脱贫困。

更重要的是，他希望这种环境能让他们找回自尊和信心，这样他们就能为自己和家人创造一个新的更美好的未来。所有这些都是基于他的信念：如果为人们创造合适的环境，他们自己就有摆脱贫困的潜力。

我非常敬佩那些创办和经营企业的人。然而，在英国或美国等地创办一家公司，使公司顺利发展并雇用数百名员工是一回事，要想在一个不久前还不可能有任何创业想法的国家创业并取得成功是另一回事，后者需要有非凡的动力、才能和技能的创业者。

这就是为什么尼古拉斯是我心目中的英雄之一。他的人生，以及他所代表的一切，在艰难和充满挑战的时刻激励着我。当我听到他说话或者和他在电话里聊天时，他的建议能激励我在个人生活和职业生涯中看到新的可能性。他的谦逊、智慧、冷静、善良和待人之道应该是每个人都向往的美好品质。

最后，在个人层面上，尼古拉斯让我明白，找到自己的英雄并让他来帮助你走向有意义的成功的重要性。下面让我们进一步探讨这个问题。

英雄会强化最珍视的价值观和与他人的联系

有的英雄是为了更大的利益而舍己为人，经常将自己的生命置于危险之中的人。他们愿意为他人的利益做出个人牺牲。最关键的是，对英雄的研究揭示了他们能够激励我们，从而让我们改善自己生活的许多方式。以下是英雄们提供的六大好处。

升华

纽约大学的道德领导力教授乔纳森·海特（Jonathan Haidt）的研究表明，英雄和英雄行为可能会引发一种独特的情绪反应，他称之为"升华"。海特对其好处进行了广泛的研究。他发现，当人们经历"升华"时，会对道德上美好的行为感到敬畏、崇敬和钦佩。这种情绪被描述为类似于平静、温暖和爱。海特说，"升华"是"由美德或道德上美好的行为引起的；它会让你的胸部充满温暖、开放的感觉"。

讲故事

弗吉尼亚州（Virginia）里士满大学（University of Richmond）的心理学教授斯科特·艾利森（Scott Allison）强调了讲故事的重要性。在古代，为了取暖和获得保护，部落成员在每天结束时都会围着一堆篝火。但这项活动还有另一个关键作用：讲故事。

人们围坐在火堆旁，分享着关于英雄的故事。

这些故事可以平息人们的恐惧，振奋人们的精神，滋养人们的希望，并培养人们关于力量和适应力的价值观。今天的人类在许多方面与我们早期的祖先并无二致。我们会被伟大的英雄故事吸引，因为它们可以安慰我们、治愈我们，从而提供更伟大的目的和意义。

联系

艾利森还认为，讲故事是一种社区建设活动。对早期人类来说，聚集在共用的火堆旁听故事有助于他们建立与他人的社会联系。这种家庭、群体或社区的意识无论是过去还是现在都是人类健康情感的核心。

以英雄为主角的故事也能促进强烈的社会认同感。如果英雄产生了预期的社会结果，那么他们的行为将体现并肯定该群体最珍视的价值观。英雄的故事生动地表达了对共同世界观的认可，巩固了社会联系。**英雄是榜样，他们的行为强化了我们最珍视的价值观和与他人的联系。**

情商

奥地利（Austrian）著名精神分析学家布鲁诺·贝特尔海姆（Bruno Bettelheim）认为，童话故事有助于人们特别是青少年理解情感体验。

这些故事中的主人公通常会经历黑暗的、不祥的事情，比如遭遇女巫、邪恶的咒语、遗弃、忽视、虐待和死亡。听这些故事可以帮助孩子们制订应对恐惧和痛苦的策略。

贝特尔海姆认为，即使是最令人痛苦的童话，如格林兄弟的童话，也能使人们那混乱的情绪更加清晰，对生活的意义和目的有更深刻的认识。童话故事的黑暗面可以让孩子们在情感上成长，发展他们的情商，为迎接成年后的挑战做准备。

转变

纽约莎拉劳伦斯学院（Sarah Lawrence College）的文学教授约瑟夫·坎贝尔（Joseph Campbell）研究了不同文化中神话的相似之处。他归纳出了共同的主题和特点，并发现英雄在他们的英勇之旅中都会经历人格的转变。在每一个英雄故事中，英雄一开始都缺少一种重要的品质，通常是自信、谦逊，或是对自己人生真正目标的钝感力。为了成功，英雄必须重新拥有或发现这种品质。我们可以从英雄故事中获得内驱力，使其帮助我们成长并获得有意义的成功。

繁衍感

德裔美国心理学家埃里克·埃里克森（Eric Erikson）认为，从婴儿期到成年期，人格的发展是按照预定的顺序进行的，会经历社会心理发展的八个阶段。他把第七阶段称为"繁衍感"。"繁衍感"指的是通过创造或培育比个人存在更持久的东西，在这个世界上"留下自己的印记"。有这种需要的人往往会保护或创造出有益于他人的积极变化。埃里克森认为，英雄的故事激励我们根据社会对我们的馈赠回馈给社会。

回溯到海特教授的话题，升华的情感让我们渴望成为一个更好的人。他说，"升华激励人们表现得更高尚"。当目睹英雄行为时，我们所感受到的"升华"会激励我们相信自己也能做出英雄行为。

你的英雄将激励你释放自己的潜能

从上文可以看出确定你的英雄的重要性。人们需要英雄,是因为英雄拯救或改善了人们的生活,英雄是鼓舞人心的。

不过,除了英雄行为提供的直接好处外,我们需要英雄,还因为令人惊讶的原因。英雄升华了我们的情感——他们有助于我们治愈心理疾病,在人与人之间建立联系,鼓励我们把自己变得更好,号召我们成为英雄并帮助他人。

英雄们敢于冒险,做可能会让他们付出个人代价的事情。他们的英勇行为可能会导致自己受伤。他们可能不得不放弃一些有价值的东西。他们会为了自己的英雄事业而献出生命。尽管如此，他们还是愿意冒这个风险——为他人冒险。

英雄可能和其他人一样害怕，也会意识到自己面临的危险，但他们不顾恐惧行事。他们并不是特殊的群体，在面对危险的时候，同样会有常见的恐惧反应。尽管深知前方有危险，他们依然勇往直前。面对恐惧，勇敢地坚持下去，这就是英雄。

因此，**找到你自己的英雄是至关重要的，因为他们给你的远不止内驱力，他们会是你最好的老师。**

你的英雄向你展示了作为一个人，你应该如何释放自己的最大潜能。

为了帮助你做到这一点，我建议你在生活的四个方面至少各找一个英雄。我在这里给这四个方面使用的是最广泛的定义。

工作

你的工作可能是常规的工作，无论是全职的还是兼职的。或者，你可以做志愿者或是个体经营者；或者，你的工作是在业余时间从事的一项活动，比如写书、画画或构思一个商业理念。

家人

家人可能是阿姨、叔叔、侄女、侄子、伴侣的家人或过去的亲戚。

精神

一般来说，精神是一种与比你自己更伟大的事物的联系。如果你不相信精神，那么想想体育、历史、政治或文化方面的英雄。

朋友

在第十二章中，我将探讨朋友的重要性，以及他们扮演的八个重要的支持角色。试着找出那些表现出令你真正钦佩的英雄行为的朋友。

在每一个领域，你的英雄都必须是那些能鼓舞你、激励你的人，因为你钦佩他们的性格特征之一，他们实现了你想要实现的目标，或者你敬畏他们在生活中所做的或已经完成的事情。他们会帮助你完成自己的计划、目标或梦想，向你展示克服障碍的方法，让你以不同的方式思考，或者给你继续前进的动力。当事情变得具有挑战性时，他们的生活经历会为你提供内驱力，推动你走向成功。

要想找到内驱力的来源，使自己取得有意义的成功，只需要看看你的英雄们的生活即可。你会发现，他们会在生活的方方面面为你提供帮助。

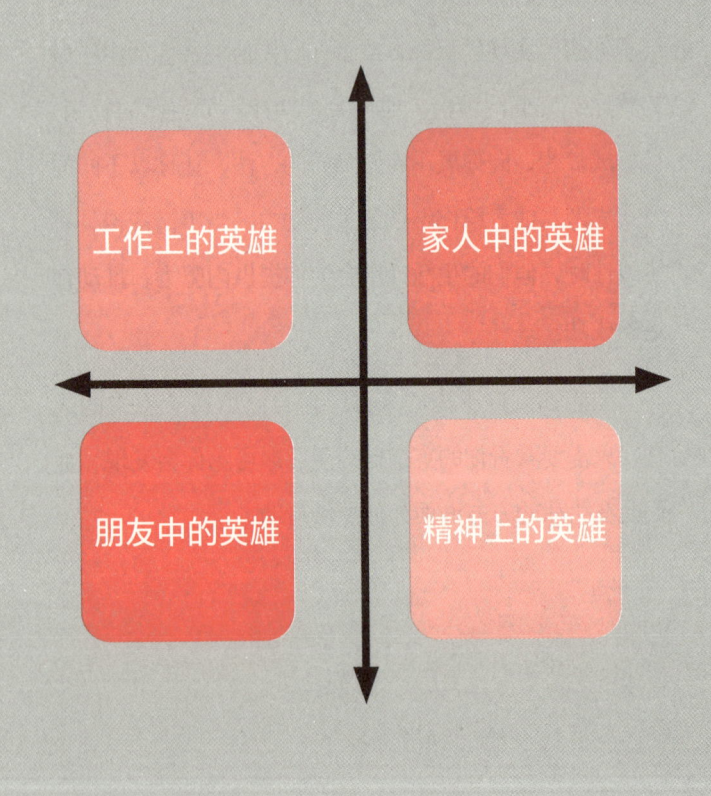

工作上的英雄	家人中的英雄
朋友中的英雄	精神上的英雄

第十二章 Chapter 12

团队的共同努力 激发思考和合作

——寻求合作

在你的生活中，

对于你想实现的

所有事情，

都有很多人在帮助你。

2019年7月是宇航员尼尔·阿姆斯特朗（Neil Armstrong）、巴斯·奥尔德林（Buzz Aldrin）和迈克·柯林斯（Mike Collins）首次登月50周年。电视、报纸、互联网、杂志和广播都对这一重大事件进行了全面报道。

50年过去了，人们很容易陷入这样的思考：当时阿波罗11号登月任务成功的可能性微乎其微。1969—1972年，美国宇航局成功实现了6次登月，甚至阿波罗13号——飞船在发生爆炸后不得不放弃着陆——还将3名机组人员安全送回了地球。

然而，在20世纪60年代和70年代早期，在美国宇航局（NASA）工作的每个人都非常清楚这些风险。失败的可能性是巨大的，这是无法回避的事实。

在阿波罗11号发射前，美国宇航局的967次太空船发射中，有1/7未能进入太空，出现了故障或爆炸。最终将阿姆斯特朗、奥尔德林和柯林斯送上月球的火箭是111米长的土星五号火箭。它携带了250万公斤的燃料,如果一下子全部燃烧,爆炸后产生的能量将相当于摧毁广岛的核弹能量的4%。

由于土星五号重达近300万公斤,宇航员知道,火箭一开始会缓慢上升,但一分钟后就会突破音障。他们必须通过大量的程序和数学计算,确保他们能够在正确的时间、速度和下降角度到达月球轨道。即使是最细微的误判,也会使他们到不了月球……但他们都完美地完成了任务。

宇航员在燃料燃烧时间仅剩25秒的情况下登上了月球。为了使导航更容易,他们依赖于"鹰"号着陆舱的机载制导计算机。在今天看来,机载制导计算机的处理能力非常低下,你的手机的处理能力是人类登上月球时计算机处理能力的1000多倍。

要想离开月球,他们需要发射登月舱的一个单独部分。宇航员们在氧气、食物和燃料供应有限的情况下,将希望寄托在一台发动机上——最终正是这台发动机使他们在这次旅程和登月着陆中幸存下来。如果不成功,他们就没有"B计划"了。

那么,为什么美国航天局和宇航员们仍然认为冒这些重大的风险——失败随时可能毁灭他们——是值得的呢?尽管阿波罗11号依赖于非凡的数学、工程和软件水平,以及严格的测试和3个无比勇敢的人,但还有更重要的东西在起作用。

1961年5月25日,约翰·F.肯尼迪(John F. Kennedy)总统站在国会前提出,美国"应该致力于在这个10年结束之前实现人类登月并安全返回地球的目标"。1969年7月16日,阿姆斯特朗、奥尔德林和柯林斯实现了这一目标。

阿姆斯特朗总结了他们为什么要冒这样的风险:"我相信阿波罗11号传递的信息是——本着阿波罗精神——一种自由和开放的精神,如果大家都同意且共同致力于实现这个目标,就可以攻克一个非常困难的目标并实现它。"

这个等式的关键部分是"共同努力"。他们冒了所有的风险,因为与任务相关的每个人都是作为团队的一员来工作的。**正是团队合作激发了每个人在追求共同目标的过程中进行思考和合作。**

如果没有团队的支持,你实现目标的概率几乎是零。无论你是打算创业、为马拉松比赛而训练、学习一门新语言、筹备一次休假,还是完全从事其他工作,一个强大、可靠的团队将是无价的。这个"团队"可能包括你的朋友和家人,也包括一些陌生人。我们先从朋友说起。

理解和接受朋友提供给你的支持

汤姆·拉思（Tom Rath）是一位作家和研究员，他在过去20年里一直在研究工作如何改善人类健康和福祉。他的10本书总销量达1000万册，经常出现在全球畅销书排行榜上。

拉思的书《不可或缺的朋友》（*Vital Friends*）借鉴了管理、婚姻和建筑等不同主题的研究和案例分析，揭示了友谊的共同点和本质：经常关注每个人对友谊的贡献。他认为，在友谊中相互投入是必要的，而不是一切都来自其中一个被期望提供一切的人。

这本书建立在这样一个理念之上：作为普通人，我们都有自己的长处；作为朋友，我们也都有自己的长处。这一点从我们作为朋友所扮演的不同角色中可以明显看出。拉思认为,在任何特定的情况下,亲密的朋友都可能扮演八种重要的角色。有些朋友只扮演一种角色,少数人会扮演几种角色,没有人会单方面扮演所有角色。

下面我简要总结一下拉思所说的朋友可能扮演的8种角色。

建设者

建设者是伟大的动力,总是把你推向终点线。他们不断投资于你的发展,真心希望你成功。

拥护者

拥护者支持你和你的信仰。他们是忠诚的朋友,会为你歌功颂德,并会为你辩护到最后。

陪伴者

不管在什么情况下,你总会有一个陪伴者。你们之间的关系几乎是牢不可破的。

连接者

连接者是帮助你得到你想要的东西的桥梁建设者。他们了解你，会把你和其他人联系起来。

合作者

合作者是和你有着相似兴趣的朋友，你很容易与之相处的人。你们可能对某些事情有共同的热情，比如体育、宗教、工作、政治、食物、音乐、电影或书籍。

激励者

他们是有趣的朋友，总是能给你带来动力。当你和这些朋友在一起时，你会有更多积极的时刻。

开拓者

开拓者是用新思想、新机会、新文化和新人物来拓展你的视野的朋友。他们可以帮助你做出积极的改变。

导航者

这些朋友会给你建议,让你朝着正确的方向前进。你需要指导的时候就会去找他们,他们会和你讨论利弊,直到你找到答案。

这听起来可能有点像临床诊断,但重要的是,要理解和接受你的朋友基于各自的优势为你提供的支持。这些支持包括忠诚、共同的利益、激励、指导、建议和忠告。关键是要认识到,在你实现目标的过程中,朋友会给你不同类型的帮助和支持。

当你被激励去接受一项新的挑战时,基于拉思所说的八种角色,请确定哪个朋友会以哪种方式帮助你,并使用这个朋友的角色工具来帮助你做到这一点。在朋友可以扮演的相关角色旁边写上他的名字,以便于在你有需要时请求他为你提供所需的帮助。你不需要填写所有的角色类型。

举个例子，如果你正在考虑创业，你的哪些朋友会成为你的连接者？经营企业是一件既困难又富有挑战性的事。因此，你可能需要扩大目前的人际圈，让那些可以帮助你的人加入进来。

如果你正在考虑进行一次大型的自行车骑行，包括强化训练，你会把你的哪些朋友看作合作者并可以请他们和你一起训练？如果你打算写一本书，这可能是一个漫长且令人沮丧的过程，你的朋友中谁会是建设者，鼓舞和激励你坚持下去？

无论你想要尝试和实现什么，要想到你的朋友会给你多少帮助。当事情变得困难时，或者你缺乏内驱力时，或者你已经没有什么想法时，请参考朋友的角色工具，联系那些能帮助你应对特定挑战的人。

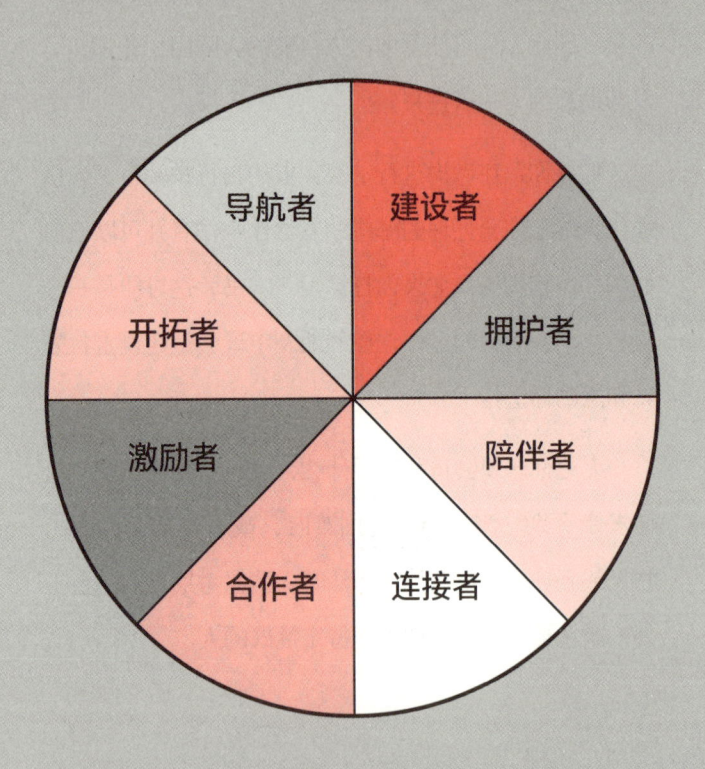

导航者	建设者
开拓者	拥护者
激励者	陪伴者
合作者	连接者

陌生人为你提供了实现目标的帮助

现在,让我们来看看陌生人,以及他们如何帮助你取得非凡的成就。

查理·普拉姆(Charlie Plumb)是美国海军在越南的喷气式飞机飞行员。在执行了75次战斗任务后,他的飞机被一枚地对空导弹摧毁。普拉姆跳伞后落入了敌人手中。他被俘了,在北越共产党的监狱里度过了6年。他熬过了这场磨难,现在他要讲讲从那次经历中得到的教训。

有一天,当普拉姆和他的妻子在一家餐馆用餐时,另一张桌子旁的一个男人走过来说:"你是普拉姆!你曾在越南'小鹰'号航空母舰上驾驶喷气式战斗机。你被击落了!""你怎么知道的?"普拉姆问道。"我帮你打包了降落伞。"那人回答道。

那人握了握他的手,说:"我想,降落伞起作用了!"普拉姆向他保证道:"的确如此。如果你的降落伞没有起作用,我今天就不会在这里了。"

那天晚上,普拉姆无法入睡,心里一直想着那个男人。他说:"我一直在想,如果他穿上海军制服会是什么样子:戴着一顶白帽子,后面有围嘴儿,穿着喇叭裤。""我不知道见过他多少次,却连一句'早上好!''你好吗?'或者别的什么问候语都没说过,因为我是一名战斗机飞行员,而他是一名水手。"普拉姆想到那个水手在船舱里的一张长木桌旁度过了很多时光,小心翼翼地编织着吊伞索,并把每个降落伞叠好,每一次他的手中都掌握着某个他不认识的人的命运。

普拉姆说,总有人在提供着他们每个人一天所需的东西。

那么,谁在帮你打包"降落伞"呢?有多少陌生人为你提供了实现目标的"工具"？或者，只是熬过了这一天？回到你正在为之训练的大型自行车骑行上，想想有多少人花了多少时间致力于设计和生产头盔，如果你撞车的话，他们设计和生产的头盔甚至可以拯救你的生命；回到你正在写的那本书上，想想那些工程师和设计师，他们制作的软件可以让你快速、安心地从事写作，自动纠正拼写错误，建议你使用更恰当的词语，并允许你保存各种版本并将其发送给出版商；回到你的商业理念上，它是由你在报纸上读到的一篇文章引发的；想想写这篇文章的记者、他们必须做的研究，以及他们在最后期限内将其出版并交到你手上的情形。

在你的生活中，对于你想实现的所有事情，不管是个人的还是工作上的，都有很多人在为你打包"降落伞"。你甚至没有意识到这些人的存在，他们可能是你内驱力的源泉。

认识到这一点并心存感激，有助于你理解和感激许多陌生人，他们会支持你达成目标。你的虚拟团队中会有很多人——朋友、熟人和完全陌生的人，充分认识到他们的重要性，对你的成功至关重要。你要知道，你并不孤单，无论你想实现什么，他们都会给你信心和内驱力。

有了明确的目标、年轻的心态、积极主动和坚定的态度，以及英雄、朋友和内驱力来源的支持，你现在可以选择有助于最终取得有意义和有回报的成功的目标了。

第十三章 Chapter·13
坚持不懈,帮助你实现目标
——制订正确的目标

坚持不懈,

改善你的环境,

利用多巴胺。

在写这本书的时候,我目睹了体育界最令人瞩目、最鼓舞人心的复出之一——泰格·伍兹(Tiger Woods)赢得大师赛冠军。这次胜利让所有人都大吃一惊,不仅在高尔夫球界,还有广大的体育界。人们普遍认为,伍兹已经体力不支,44岁的他再次赢得总冠军的可能微乎其微。为了把赢得2019年大师赛的意义放在一个大背景下来看,你需要回顾一下他过去25年的高尔夫职业生涯。

1997年,年仅21岁的伍兹在大师赛上取得了他的第一次重大胜利。在接下来的11年里,他又赢得了13个大满贯。在21世纪开始的10年里,他连续数周(281周)成为世界头号高尔夫球手,这一纪录此后从未被打破。然而,伍兹职业生涯的下一个10年既有个人问题,也有伤病,大多数高尔夫专家认为,他几乎不可能再赢得任何比赛。

因此，他赢得2019年大师赛冠军是一项非凡的成就。杰克·尼克劳斯（Jack Nicklaus）——可以说是有史以来最成功的高尔夫球手——在推特上写道："我给泰格·伍兹一个大大的'赞'！我为他和高尔夫运动感到高兴。"

"太棒了！"瑟琳娜·威廉姆斯在推特上写道，"看了泰格·伍兹的比赛，我哭了。你的伟大无与伦比。知道你经历了那么多身体上的磨难，但你回归后就取得了今天的成绩。真的，万分祝贺你！"美国前总统奥巴马也发推特说："恭喜你，老虎。在经历了那么多波折之后，回来就赢得了大师赛，这是对卓越、毅力和决心的证明。"

为什么这次的胜利会引起这么大的反响呢？这不仅仅是对伍兹的高尔夫球技和运动天赋的认可，目睹一个人处于最佳状态本身就是一种激励。但更鼓舞人心的是，当他还是一个孩子的时候，他就制订了一个目标：打破尼克劳斯赢得20个大满贯的纪录。他仍在努力实现这一目标。

他之所以能赢得这场胜利,是因为他有目标,并且从黑暗的岁月中走了出来。

停下来想一想你20年前真正想要的东西,或者开始的一个项目。你还在为之努力吗?你每天都在思考这个问题吗?近年来,伍兹的弱点让他变得更容易相处了,但他坚定的决心总是让人心生敬畏。20世纪80年代,他制订了一个目标,而今天,他仍在努力实现这个目标。

伍兹在2019年大师赛获胜的新闻发布会上,他说:"我们在生活中有挣扎,个人的挣扎、身体的挣扎,我们要克服这些事情。"一位记者接着问他:"你会对那些挣扎的人说些什么?"伍兹想了一会儿说:"嗯,就是从不放弃。""这是注定的。人们总是在斗争,永远不要想着放弃。"下面一些想法可以帮助你不放弃自己的目标。正如你将看到的,设定正确的目标类型、制订策略从而使自己不放弃,这对你取得有意义的成功是至关重要的。

有目标,从黑暗的岁月中走出来

事实证明,有一个行之有效的公式——加州多米尼加大学(Dominican University of California)的一项研究考察了设定目标和实现目标的实际策略。

该校心理学系的盖尔·马修斯博士(Dr Gail Matthews)从美国,以及海外的企业、组织和网络团体中招募了267名参与者,研究他们如何实现目标。参与者的年龄从23岁到72岁不等,有着不同的背景和职业。

马修斯发现,超过70%的参与者——他们记录下自己的进展,并每周向朋友发送最新信息——报告说,他们已经达到或即将达到目标;剩余近30%的人——他们没有写下自己的目标,而且完全只靠自己——取得的进步要少得多。

研究结果表明,获得最佳结果的参与者遵循一种特定的模式。

承诺采取行动

小组成员被要求承诺一项行动,而不是简单地写下一个目标。从本质上讲,他们以书面形式承诺要实现自己的目标。

对同行负责

这个小组必须通过招募另一个人来跟进他们的具体目标计划和行动承诺。他们需要把自己的承诺传达给同行,这使得他们更有责任感。

定期更新信息

这组人必须每周向他们的朋友或负责人更新自己的信息,这可以让他们专注于自己的进步。

马修斯在读了《快公司》(*Fast Company*)杂志上一篇关于"1953年耶鲁大学的目标研究"的文章后,对研究拖延症产生了兴趣。这项研究的前提——为自己的未来写下具体目标的人比没有明确目标或根本没有具体目标的人更可能获得成功——启发了许多自助作者和私人教练的教学。

唯一的问题是,这项研究从未真正进行过!1996年《快公司》杂志上的这篇文章揭穿了耶鲁大学的这项研究,认为它不过是一个经常被引用的都市传奇。

然而,现在马修斯的研究支持了长期以来被认为是"耶鲁神话研究"的结论。马修斯说:"随着商业教练和个人教练的激增,以及教练成功的传闻不断,这一日益发展的职业必须建立在健全的科学研究的基础之上。""我的研究为三种指导方法的有效性提供了经验证据工具:责任、承诺、写下自己的目标。"

把对目标的追求变成一种习惯

在"今日心理学"（Psychology Today）网站上一篇引人入胜的文章《实现目标的科学》（*The Science of Accomplishing Your Goals*）中，波士顿市医院（Boston City Hospital）和哈佛医学院（Harvard Medical School）的精神科医生拉尔夫·赖巴克博士（Dr Ralph Ryback）提出了3种方法"欺骗"你的大脑以帮助你实现目标。

把目标变成习惯

首先，把对目标的追求变成一种习惯。赖巴克博士根据最近发表在科学杂志《神经元》（*Neuron*）上的一项研究发现，习惯和目标在人脑中的存储方式不同。为了帮助自己养成积极的习惯，你需要持之以恒。每天朝着目标努力，即使你不喜欢。

或者每天留出特定的时间，或者每天创造特定的环境，积极地追求它。例如，如果你想开始每天跑步，那就试着在每天的同一时间（特定的时间）进行，可以是在早餐前跑步。行为越有规律，你的大脑就越容易把它转变成习惯。

改变你的环境

有时候，你需要的只是一个不同的环境。在习惯形成的过程中，环境线索至关重要，部分原因是大脑非常善于将环境与特定情况联系起来。如果你发现自己不断地放弃目标，那么，看看你周围的环境吧。当你身处自己最喜欢的咖啡店时，你是否会在努力开始工作时走神呢？如果是这样的话，试试别的咖啡店或者去当地的图书馆工作吧。

根据《习惯的力量》（*The Power of Habit*）一书的

作者、记者查尔斯·杜希格（Charles Duhigg）的说法，改变习惯的最佳时间是在假期，因为你通常的环境线索都不见了。下一次当你飞到某个特别的地方时，请抓住机会重新评估一下你真正想要实现的目标。

利用你的多巴胺

当我们得到了自己想要的东西时，如升职、美餐一顿或者与一个好朋友约会，我们的大脑就会释放多巴胺。

这种化学物质通常被称为"感觉良好"的神经递质，因为它能让我们感觉良好。通过设定一个小目标，然后实现它，你就有可能控制自己的多巴胺水平。这是人们从待办事项列表中获益的原因之一；完成一项小任务带来的满足感会带来大量的多巴胺。每当你的大脑闻到这种化学信使的味道时，它就会希望你重复相关的行为。

下一次当你准备完成一个大目标时，试着把它分解成一个个小目标，能带来多巴胺的小目标。

举个例子，如果你想每天去健身房，那就在日历上标出每一次成功的锻炼。如果你想写一本小说，那就和自己定个协议，每天只写15分钟，并在挂图上记录下你每次完成写作的时间。

坚持不懈，改善你的环境，利用多巴胺，这样你就能"欺骗"自己的大脑来帮助你实现目标。

找到个人愿景和人生的总体目标

2013年，我出版了自己的第一本书《改变方向》（*Changing Course*），这本书的内驱力来自2006年我41岁时中风的经历。在那本书中，我讨论了如何找到你的个人愿景和人生的总体目标。

以下是我的一些思考：

想象一下，10年后的今天，你被邀请参加一个庆祝你10年新生活的聚会。你生命中的关键人物——你的家人和朋友——都在聚会中。他们每个人都被要求用5分钟的时间来谈论你，概述你在过去10年中取得的成就。

既然你改变了方向，你希望他们如何描述你的生活、你的性格、你的观念?

答案将是你的个人愿景、你的总体目标、你的追求。

当我做这个练习时，我想象着我最亲密的朋友会怎样评价我。当我遇到写作瓶颈，或者想做一些理论上可以赚更多钱但却不能给自己带来满足感的事情时，这是一个很大的动力:"在过去的10年里，尼尔写了4本书，对人们的生活产生了积极的影响。"

7年后，我做到了——我写了这本书，我的第4本书。我希望这能表明设定目标的重要性。回想当初我为自己设定写作《改变方向》这一目标时，我无意中采纳了盖尔·马修斯博士和拉尔夫·赖巴克博士关于目标设定的建议。

我必须采取行动，因为我告诉了家人和朋友我的目标，这使我变得有责任感。我定期向他们通报我的最新进展。我养成了每天在同一时间写作的习惯，尽管我会换环境。最后，我在办公室里制作了一个"墙壁计划"，把这本书分成了具体的章节，规定了某一章节必须完成的时间。当我写完那一章时，我会在"墙壁计划"上划掉它。

我的4本书都是用同样的目标策略完成的。

但是，在你鼓励自己相信所有未来的可能性、机会和成功将严格归因于你的辛勤工作和努力之前，也许是时候重新思考了。

第十四章 Chapter 14

偶遇,会对你的生活产生重大的影响

—— 拥抱运气

我到处游荡，

走过了很多城市和国家。

无论我走到哪里，

世界都站在我这边。

1983年11月26日，在加利福尼亚州的希科里（Hickory），一名工业用纸销售员和一名数学老师生了一个儿子，名叫克里斯·休斯（Chris Hughes）。1984年5月14日，在纽约的白原市（White Palins），一名牙医和一位精神科医生生了一个儿子，名叫马克·扎克伯格（Mark Zuckerberg）。1984年5月22日，在佛罗里达州（Florida）的盖恩斯维尔（Gainesville），一名精神科医生和一名教师生了一个儿子，他们给他取名达斯汀·莫斯科维茨（Dustin Moskovitz）。

18年过去了，克里斯、马克和达斯汀即将开始他们在哈佛大学的第二个学年。

在哈佛大学校园的一间办公室里，一名住宿管理员运行了一个电脑程序，为学生分配下一年的住宿房间。与电脑相连的打印机启动后，打印出了谁将住在哪个房间的名单。这些名单随后被张贴在学校各个宿舍和房屋的布告栏上。

第二天,当二年级的学生来到校园时,克里斯、马克和达斯汀得知他们将住在一个名叫"柯克兰之家"(Kirkland House)的红砖住宅的H33房间里。这3个年轻人后来在H33房间创立了脸书。

这个将三个人随机结合在一起的计算机程序为世界上最大的公司之一的创办提供了帮助。在那个房间里,休斯、莫斯科维茨和扎克伯格之间的"化学反应"激发了围绕构建社交网络平台的创意。

休斯、莫斯科维茨和扎克伯格在学生公寓里是形影不离的,他们现在成了百万富翁或亿万富翁。他们改变了我们所有人交流、自我认同和分享生活的方式。在此过程中,他们激励了许多其他企业家。人们很容易得出这样的结论,他们取得成功的核心在于他们的创造力、才能、技能和努力。

但这就是全部吗?是不是还有其他更基本的东西?休斯在他的书《大有希望:反思财富不平等与挣钱的逻

辑》(*Fair Shot: Rethinking Inequality and How We Earn*)中暗示了这一点。

他写道:"说人们走运并不是否认他们努力工作和应该得到积极成果。""这是承认,在赢家通吃的经济中,小的偶遇——比如你在晚宴上坐在谁旁边或者你的大学室友是谁——比以往任何时候都有更大的影响。在某些情况下,这些微小的差异加起来可以创造巨大的财富。"

想想休斯在说什么。虽然听起来不太可能,但看起来很小的随机事件,比如偶遇,最终会对你的生活产生最重大的影响。

因此,我提出一个问题:到目前为止,你认为自己有多成功?我所说的成功不仅仅是指你挣了多少钱,或者你在公司里的职位有多高,还包括其他成功的指标:你取得了什么样的职业资格;你目前是否有工作,在这份工作中是否有安全感;你是否在养家糊口;你是否有空闲时间做你喜欢做的事情;你是否安逸,总体上是否快乐。希望我们大多数人都会说，我们在生活的这些重要方面都取得了成功。扪心自问：到目前为止，你取得的成功有多少可以归功于自己的行动——你的努力、工作和投入？它们在多大程度上取决于机遇，取决于你无法控制的因素？比如晚餐时你坐在谁旁边，在飞机上或大学里和谁在一起。

就我个人而言，我认为55%的成功是由自己的努力和成就决定的，45%是由我无法控制的因素决定的。但是，我们再仔细想想。说到底，我们的成功难道不是100%由我们无法控制的因素决定的吗？想想休斯、莫斯科维茨和扎克伯格的事迹——如果电脑程序没有把这三个人分配在H33房间里，脸书可能永远不会被创立，我敢打赌他们不会像现在这样富有和成功。

投资者兼慈善家沃伦·巴菲特将这种现象称为"卵巢彩票"："事实是，我能取得今天的成就全是靠运气。当我于1930年出生时，我出生在美国的概率大约是1/40。我一出生就中了'卵巢彩票'。除此之外，我还是个男性。如果出生为男性的概率是1/2,那么现在出生为美国男性的概率是1/80,这在我的一生中是非常重要的。认为这使我作为一个人比其他任何人都优越……我无法认同这种推理。"

巴菲特是非常幸运的,他认识到这些因素是如何让他比其他人更容易取得成功的。

第十四章 ※ **偶遇,会对你的生活产生重大的影响** ——拥抱运气

你的成功基于你无法控制的事

把我本人作为"卵巢彩票"受益者的一个例子,让我们从另一个角度来看这个问题。

以下都不是我的选择:我出生在英国,世界上最富有的国家之一。我上了一所小学,学校教会了我阅读。今天,全世界大约有7.6亿成年人是文盲——这比欧洲的人口还要多,或者说地球上每10个人中就有1个是文盲。因为我能阅读,所以我能在各种各样的学校得到良好的教育。全球大约有2.64亿儿童没有机会上学。因为我受过良好的教育,所以我能够参加考试并上大学。在发展中国家,只有不到3%的人口有机会接受高等教育。

我就不继续列举我的工作、结婚对象和孩子了。不过，希望你明白我的意思。就像巴菲特一样，我非常幸运。幸运的是，我出生在20世纪；我的年收入使我成为世界上收入最高的1%的人之一。如果你的年收入在25000英镑（约合22.34万元）或以上，你也处于令人羡慕的行列。

像巴菲特一样，我迄今为止所取得的许多成就都有运气的加持。考虑到上述所有因素，你会将所取得的成功中的多大比例归因于自己的努力呢？

如果你把这些因素都去掉，那么合乎逻辑的答案是0。如果你觉得自己的成功完全是靠努力和决心取得的，我不想戳破你的幻想。这些都是如下事实的副产品：你的成功基本上基于你无法控制的事情。

归根结底，你并没有真正取得成就。

你是幸运的，因此你应该心存感激

你越是开始理解并接受生活中的所有成功很大程度上归功于运气，越会意识到，你所感知到的连续的成功并不仅仅源于你的辛勤工作和努力。所有进一步的成功仍然取决于运气。

谁知道在接下来的一周、一个月或几年里你会遇到谁？他会以你现在甚至无法想象的方式改变你的生活方向。

然而，对于所有这些事情，我有一个重要的警告：无论你将来取得什么样的成功，一定要保持谦虚。成就越大，你就应该越谦逊。

现在，只需几秒钟，你就可以在脸书、领英、照片墙或推特上发布你人生中的另一件成功的事，让所有关注你的人都看到。不过，在按"发送"键之前，你要想想自己是否要这样做。那些自吹自擂的人——我也曾多次为自己的这种行为感到内疚——已经被"骄傲错觉"吸引。利用社交媒体分享鼓舞人心的故事、切实可行而有用的信息或让你充满激情的事业是很好的，但不要自吹自擂。

如果别人真的愿意这么做，那就让他们做吧。

你应该怎么办呢？很简单：心存感恩。感恩对健康有积极的影响。有证据表明它能增强免疫系统，降低血压，改善睡眠，还有助于减轻焦虑和抑郁。它强化了这样一种信念：生活是有意义的和可以掌控的。感恩有一个强大而持久的影响，因为它可以帮助人们以一种积极的方式重新定义自己的经历。

感恩与你对生活的满意程度有关。你越感恩，就会越高兴。所有这些都被尊敬的科学家和医学专家很好地记录了下来。

有感恩天性的人更容易快乐。在一个题为《想要快乐吗？学会感恩》的TED演讲中，本笃会僧侣大卫·斯坦尔德-拉斯特（David Steindl-Rast）解释说，幸福并不能让我们感恩，但只有感恩才能让我们幸福。他说，有些人似乎拥有一切——金钱、大房子、华丽的衣橱和昂贵的汽车——但他们仍然不快乐，因为他们总是想要更多。相反，有些人在生活中经历过很大的挫折和困难，但他们似乎很满足。这在一定程度上是因为他们心存感恩。

斯坦尔德-拉斯特说，当你得到一份真正的礼物——不是你自己买的、挣来的或为之努力过的，但你认为很有价值的礼物时，你的自然反应就是表示感谢。

你收到的最大的礼物就是，你可能是"卵巢彩票"的中奖者。是的，**当运气提供给你一种新的可能性或一个机会时，你必须努力工作，投入大量的时间和精力来取得有意义的成功。但千万不要忘记让你走上成功之路的随机事件——你是幸运的，因此你应该心存感激。**

在前面的十四章中,我试图为你提供一条道路,激励你取得有意义的成功。我为你寻找内驱力奠定了基础,揭示了那些可能阻碍你获得内驱力的途径,探讨了那些能让你找到内驱力来源的想法和经验。

所有这些——如果你能认真对待并真正融入自己的生活中——会让你发现,有意义和有回报的成功就是以这样一种方式生活,即你的遗产会激励其他人找到自己有意义的成功。

第十五章 做一些比生命更长久的事

——正确的遗产

你的经验、才华、

时间和想法

对别人来说

往往比你意识到的

更有价值。

如果你问10个不同的人生活的目的是什么，你可能会得到10种不同的答案。例如，有人会说"为了快乐和满足"，有人会说"去探索和体验"，还有人说"去做那些给我目标和意义的事情"。

显然，没有错误的答案，但我喜欢小说家兼记者查克·帕拉尼克（Chuck Palahniuk）的一句既睿智又发人深省的话："我们都会死。我们的目标不是永生，而是创造能永生的东西。"

抱着这种观点，我最近读了一篇关于白手起家的百万富翁兼慈善家尤金·朗（Eugene Lang）的文章。

1981年，朗看着61名来听他演讲的六年级学生的面孔。多年前，朗也曾在东哈莱姆（East Harlem）的这所学校就读。现在，他想知道怎样才能让他们听自己说话。他能说些什么来激励这些11岁的孩子，让他们远离曼哈顿上城区崎岖不平的街道呢？

他本来想说:"努力学习,你就会成功。"但在走上讲台的途中,校长告诉他,这里3/4的学生可能永远不会完成高中学业。

于是,朗随即改变了谈话方向,承诺向每一个坚持读完高中并从这里毕业的六年级的学生提供上大学的学费。朗在课堂上讲述了他在1963年华盛顿大游行中目睹马丁·路德·金博士(Dr Martin Luther King)著名的《我有一个梦想》(*I Have a Dream*)演讲的经历。

他鼓励年轻人要有自己的梦想,并承诺会尽自己所能帮助他们实现目标。

在那一刻,他改变了那间教室里每个学生的人生。这是他们第一次有了希望——希望比他们的哥哥姐姐取得更高的成就,希望比他们的父母和邻居过得更好。

1986年,朗创立了"我有一个梦想基金会"(I Have a Dream Foundation),致力于让所有的孩子都有机会接受高等教育,发挥他们的潜力,实现他们的梦想。该基金会为资源不足的社区的儿童和学生("梦想者"）提供技能和知识，使他们能够在中学毕业后考入大学，并为他们提供学费支持，以消除经济障碍，使他们能够顺利从大学毕业。

截至目前，已经有28个州超1.8万名"梦想者"受益于该项目，该项目也得以在国际上推广。我不知道当初为什么，也不知道是谁邀请朗去他的母校演讲的，但结果是成千上万的贫困学生得到了通过接受教育来改变命运的机会。

正如美国哲学家威廉·詹姆斯（William James）曾经说过的："生命的最大用处是将它用于比生命更长久的事物上。"朗本可以把他的一生都花在以自我为中心的活动上，把他的巨额财富留给自己和身边的人，但他没有这样做。

早在1981年他就意识到，他的财富能使他有机会影响住在东哈莱姆的贫困学生的命运。

2017年，朗去世时，除"我有一个梦想基金会"外，他还留下了其他东西。他的故事和遗产将激励更多的人，让他们明白支持弱势群体和被边缘化群体的重要性。在他的一生中，他向慈善机构捐赠了超过1.5亿美元。

朗留下的诸多遗产之一就是，**他一生的大部分时间都在做一些比他的生命更长久的事情。在我看来，这是一份完美的遗产。**

对自己的离开提前规划

当我们谈论"留下遗产"时，它指的是什么？我想，对很多人来说，这意味着把钱留给他们在乎的人或事业。它可能是给你曾经就读的大学留下一大笔遗产，或者将一大笔遗产留给你生命中很看重的慈善机构，或者将一大笔遗产留给你的家人。但可以肯定的是，它的定义比这更广泛。

加拿大社会学家和研究人员林赛·格林（Lyndsay Green）在她的《美好生活：有目的地生活并被记住》（*The Well-Lived Life: Live with Purpose and Be Remembered*）一书中指出，留下的遗产并不一定只是钱。

格林说："不管我们喜欢与否，我们都会留下一份遗产。""我们的遗产包括我们每天的生活方式，它对我们的朋友、家人、社区和世界的影响，以及我们如何让别人准备好迎接没有我们的生活。留下遗产是让别人感激我们对他们的爱和体贴的一种方式，因为我们花时间就我们的离开会对他人产生的影响提前做了计划。"

你不一定要成为科技大亨、足球明星或者电影明星才能过上有意义的生活。你所要做的就是与他人分享你生命中的某些部分。无论你认为它们多么微不足道，你的经验、才华、时间和想法对别人来说往往比你意识到的更有价值。这就是你的遗产。

分享你的经验

每个人都有故事要讲——关于他一生中取得的重要成就的故事。这些成就可以是抚育子女、在同一家公司工作30年、完成一项体育壮举、创业、花时间做慈善或照顾一位年长的亲戚。

不管是什么故事，你的生活中肯定充满了经验。你从生活中学到了很多东西。所以，分享你的生活经验吧。别人从你的经验中受益的方式之一是鉴于你的事例和所学，他们最终不会重蹈你的覆辙。从好的方面来看，他们可以拥抱并尝试复制那些让你成功的经验，不管结果如何。

与你认识的人分享这些经验，他们将从中受益。

分享你的才能

将你的才能用于造福他人是一件特别有意义的事。通过认识并充分发挥自己的才能，你为与他人合作和帮助他人做出了巨大的贡献。把你的才能运用到比自己更重要的事情上，比如团队目标、慈善事业、专业协会或社区项目，可以增加这种努力获得成功的机会。

分享你的时间

这是人生的一个悖论，只有付出时间，我们的生活才有意义，进而帮助别人找到意义。你无法用金钱来衡量我们花在与家人闲谈、与生病的朋友聊天、支持和指导一位同事、帮助社区中需要帮助的人上面的时间，但这些时间对他们来说是非常宝贵的。

分享你的想法

通过写信或写电子邮件向你爱的人或钦佩的人分享你的想法和见解是一件非常明智的事。他可以是对你的人生有影响的人，也可以是你想与之分享家族史和核心价值观的亲戚；他可能是你想要用生命中很重要的东西来激励的人，也可以是一个在你的生活中扮演了重要角色的人，或你想要感谢的人。不管是谁，分享你的重要的想法都会鼓舞和激励他。

将其中一些建议付诸行动，有望为你以及未来那些可能受到你的生活和时代启发的人创造一份鼓舞人心的遗产。更重要的是，它们本身会带给你意义和目的。你的生活将会更加充实——只要看看尤金·朗的人生和遗产，你就明白了。留下遗产对每个人来说都是双赢的。

向新的可能性和机会敞开心扉

我以一个悲伤但鼓舞人心的故事开始了这本书——贝卡·亨德森的故事。她的遗产首先启发了我写这本书。同理,我希望这本书能为你们中的许多人提供各种各样的内驱力来源,引导你们走向有意义的成功。

在这十五章中,我试图围绕个人价值、个性、风险、盲目的自我、自信、琐事、目的、保持年轻、积极主动、决心、英雄、目标、合作、运气和遗产等主题,通过故事、观点和策略来分享内驱力来源。

当你在新事物中发现内驱力时,你的体内会有一股能量在涌动,伴随着一种激动人心的振奋和兴奋的感觉。你的感官被放大了,你会更清晰地意识到那些似乎正在为你打开的可能性。你感觉自己被赋予了一种新的感知，一种看待事物的新方式。

所有这些都会引导你找到生活的意义和目标。

我希望你在读这篇文章时会受到启发，去做一些以前所未有的方式吸引你的、新的或不同的事情。我希望你有动力和活力去做一些事情、改变一些事情，这将改变你的生活，引导你走向有意义的成功。

正如巴勃罗·毕加索（Pablo Picasso）所说："内驱力是存在的，但它必须看到你的努力才会显现。"

启发不是一种规定性的东西——你不能强迫自己受到启发。你能做的就是寻找内驱力的来源，这可能需要时间和努力。但是，如果你能向新的可能性和机会敞开心扉，你会发现生活更有意义。

当然，这才是成功的真正定义。

推荐语 REFERENCES

成功应该是什么样的?如果你问一百万个人这个问题,他们会给你一百万个不同的答案。许多答案会主要关乎尽可能多地赚钱,但有意义的成功需要理解一些关键的价值观。尼尔·弗朗西斯对此非常了解,他的新书对如何将商业或个人成功与人类影响结合起来给出了重要见解。尼尔有一个深刻而重要的故事要讲,它肯定会激发读者的内驱力。

——梅尔·杨(Mel Young)
"流浪者世界杯"(Homeless World Cup)主席

尼尔的书以一种既容易理解又容易采纳的方式将理论和实践结合在了一起。为什么我们不愿意采用那些能提升价值、鼓励创造力和激励他人的做法？与一些将普世性现象作为案例研究的书籍不同，尼尔的新书使用了现实的、能戳中痛点的例子，使读者能够感同身受、认清形势，从而帮助他们取得成功。

——马尔科姆·坎农（Malcolm Cannon）
英国董事学会苏格兰区总监（National Director, IoD Scotland）

什么是"内驱力"？当你面对极端的逆境时，内驱力如何推动你取得非凡的成就？当时机对你不利时，你如何看到新的可能性？你如何利用"坏运气"来丰富你的生活，找到更深层的意义和目标？内驱力是如何与动力和激情联系在一起的？在这本精彩纷呈的书中，尼尔·弗朗西斯通过励志人物的例子探讨了这些问题。他以乐观、积极、温和和善解人意的态度，为我们提供了实用的技巧、工具和策略，帮助我们找到内驱力，推动我们走向更有意义、更有目标、更令人满意的生活。

——吉莉安·米德（Gillian Mead）
爱丁堡大学（University of Edinburgh）
中风和老年护理医学教授（Professor of Stroke and Elderly Care Medicine）

我一直不知道"鼓舞人心"这个词的真正含义，直到我接触了中风幸存者。我自己在48岁时遭受了一次严重的中风。尼尔本身就是一种激励，他的新书分享了无数人的故事，他们的真实生活经历激励着我们，所有这些故事都是通过一个知道自己在讲什么的人之口说出来的。

——迈克尔·莱纳（Michael Lynagh）
道琼斯公司董事总经理，澳大利亚橄榄球前运动员，1991年世界杯冠军

知道如何从你周围的世界中寻找内驱力来源是维持生活动力和快乐的关键。《我们终其一生，只为优雅地告别过去的自己》一书中有很多实用的建议，可以帮助你做到这一点。

——妮可·索姆斯（Nicole Soames）
Diadem Performance首席执行官
畅销书《教练手册》（*The Coaching Book*）作者

尼尔·弗朗西斯善于捕捉激动人心的故事。本书简明扼要，发人深省，读者很快就会想到他们应该马上采

取哪些实际行动。结果确实很鼓舞人心,所以,多学点启发性思维吧。

——凯文·邓肯(Kevin Duncan)
畅销书《智慧工作手册》(*The Intelligent Work Book*)作者

我认识很多能够鼓舞人心的人,尼尔就是其中的佼佼者。克服逆境是一回事,但以他的方式去克服逆境是一种真正令人惊奇的经历。他希望每个人都能为实现自己的目标而奋斗,然后将这个目标传递给他人。这真的很鼓舞人心。他是21世纪真正的榜样。

——克雷格·帕特森(Craig Paterson)
Globalcelt董事长

致谢 THANKS

诚挚感谢:

琳达(Linda)和迈克尔·亨德森(Michael Henderson)允许我分享他们的女儿贝卡的故事,她的故事启发我写了这本书。

菲奥娜·麦基弗(Fiona MacIver)阅读了手稿的初稿,帮助我厘清了书中的关键信息。

LID Publishing 的杰出团队,特别是马丁·雷(Martin Lui)、苏珊·弗伯(Susan Furber)、卡罗琳·李(Caroline Li)、弗兰切斯卡·斯坦纳(Francesca Stainer)、阿拉贝拉·德哈利(Arabella Derhalli)、布莱恩·多伊尔(Brian Doyle)和奥萨罗·伊万西哈(Osaro

Ewansiha）。

我长期受苦的妻子路易丝（Louise），她必须阅读手稿的每一页，并对其进行第一次合理的编辑，就像她对我以前所有的书所做的那样。

我的孩子们，杰克（Jack）、露西（Lucy）和萨姆（Sam），感谢他们的支持和爱。

最后，一如往常，感谢我愚蠢的金毛猎犬杜格尔（Dougal）和阿奇（Archie），它们在北贝里克（North Berwick）海滩上的长途跋涉为我提供了空间和氛围来筹划这本书。

给你们所有人一个充满感激的拥抱。